精挑细选，满足好奇心与求知欲

图文并茂，激发想象力与创造力

我的第一本
百科知识书

让孩子轻松开启智慧大门

高小玲◎编著

中国纺织出版社

内 容 提 要

少年儿童求知欲强。浩渺神秘的宇宙，广阔神奇的大地，百变玄奥的自然现象，复杂万象的人体，稀奇有趣的动植物，以及现代高科技产品等，都是少年儿童渴望了解的知识领域。本书内容涵盖天文、地理、自然、社会、动物、植物、科技及生活等方面，内容丰富、科学有趣、通俗易懂，不仅能够丰富少年儿童的课外知识，而且可以激发他们对未知事物的探索欲。

图书在版编目（CIP）数据

我的第一本百科知识书 / 高小玲编著. —北京：中国纺织出版社，2013.12（2016.9 重印）
ISBN 978 – 7 – 5180 – 0048 – 7

Ⅰ. ①我… Ⅱ. ①高… Ⅲ. ①科学知识—少儿读物 Ⅳ. ①Z228.1

中国版本图书馆 CIP 数据核字（2013）第 221453 号

策划编辑：胡 蓉 库 科　责任编辑：郝珊珊　责任印制：储志伟

中国纺织出版社出版发行
地址：北京市朝阳区百子湾东里 A407 号楼　邮政编码：100124
邮购电话：010—67004461　传真：010—87155801
http://www.c-textilep.com
E-mail：faxing@c-textilep.com
北京文昌阁彩色印刷有限责任公司印刷　各地新华书店经销
2013 年 12 月第 1 版　2016 年 9 月第 2 次印刷
开本：710×1000　1/16　印张：13
字数：89 千字　定价：23.80 元

凡购本书，如有缺页、倒页、脱页，由本社图书营销中心调换

前言

宇宙是什么样的呢?

沙漠和海洋是怎样形成的呢?

火山为什么会喷发?

水为什么往低处流?

人为什么会做梦?

鸟为什么会飞?

机器人是怎么制造出来的?

动画片又是怎样制作出来的呢?

相信每个小朋友在日常生活和学习中都会产生类似这样的一些疑问,所以每个小朋友都需要一本书,来为其解答类似于上面提出的有关我们这个世界的问题。在这种情况下,《我的第一本百科知识书》就应运而生了!

本书涵盖了天文、地理、自然、社会、动物、植物、科技及生活等各方面的知识。无论是浩渺神秘的宇宙、广阔神

奇的大地，还是百变玄奥的自然现象、复杂万象的人体，抑或是稀奇有趣的动植物和现代科技与物理知识，本书都会有所涉及。本书适合小朋友的阅读和学习需求，小朋友在学习时不仅能够丰富生活常识，增长对学习和生活的兴趣，本书还会引导小朋友参与进来，激发自己的求知欲和必胜心。

为了增加本书的可读性，便于小朋友的理解，本书在讲解问题的同时，还设立了一些知识链接，对相关问题及相关领域的知识进行拓展，既增加了阅读的乐趣，又扩充了知识面。

小朋友，让我们一起去学习书中的知识、探求未知的领域吧！

编著者

2013年8月

目录

第三章 | 自然现象小百科

第四章 | 人体揭秘小百科

4

5

第一章　宇宙奥秘早知道

　　小朋友，你们知道宇宙是什么样的吗？宇宙是怎样诞生的？我们居住的星球在宇宙中扮演什么样的角色？宇宙中像银河系这样的星系有多少个？还有其他的星球和我们的星球一样存在生命吗？现在开始，让我们一起探索宇宙奥妙！

你知道 宇宙 是怎样的吗

　　小朋友，每到夜晚，当你抬头仰望群星璀璨的夜空时，是否会感觉宇宙很神秘呢？是否会想宇宙是由什么组成的呢？我们所能看到的宇宙星空的真实面貌又应该是什么样子的呢？

　　广义的宇宙超乎小朋友的想象，它包括人类、动植物、恒星、星系、光线，甚至还包括时间。不过，人们日常生活中所说的"宇宙"是天文学中的概念，指总星系，是人类的观测活动所涉及的最大物质体系。

　　我们所能看得见的数以亿计的恒星、行星在茫无涯际的宇宙中运动着。在人类可以观测的范围内，即 137 亿光年内有 1250 亿个如同银河系一样的星系，但是大小和形状都不尽相同（注：1 光年等于光在真空中一年所走的路程，光 1 秒可以走 299，792，458 米）。不过，看得见的天体在辽阔的宇宙中只占极小一部分，宇宙中大部分物质是看不见的。这是因为这些物质的光不能到达我们的地球，所以目前人类对这些物质的认识还比较少，属于未知事物。

你肯定感兴趣

宇宙的年龄有多大

宇宙的年龄是指宇宙从某个特定时刻到现在的时间间隔。根据大爆炸理论，宇宙开始膨胀的时刻就是宇宙纪年的开始。按照哈勃定律，将星系的距离除以各自的速度，可估算出那一刻距今的时间约为 200 亿年。这段时间对所有星系来说是相同的，因为宇宙的开端就在 200 亿年前。按照这一推论结果，宇宙中一切天体的年龄都不应超过 200 亿年。

如果你掉进黑洞中会发生什么事

首先，你必须明白你再也出不来了。当你刚一接近黑洞时，你根本不会有什么感觉。就像绕地球轨道运行的太空人，你将处于"自由落体"状态，并且你会感觉到失重。但是，一旦你开始接近黑洞那巨大的引力场——大概距黑洞中心 80 万千米，你会感受到什么是所谓的黑洞潮汐力。如果你进入黑洞时碰巧是脚先下去，你的脚会比你的头感受到更大的拉力，而你会有被撕扯的感觉。当你的身体快到发出"砰"的一声这个临界点时，一切将变得更糟，那就是你生命的终点了。

银河系 到底有多大

小朋友，你知道银河系究竟有多大吗？仅是夜空中肉眼可见的那一条银白色的带子吗？想知道的话，就往下寻找答案吧！

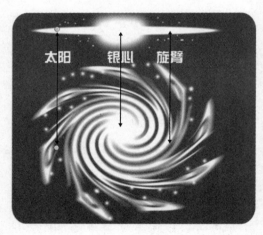

银河系，是指太阳系所在的恒星系统，是由一千二百亿颗恒星和大量的星团、星云，还有各种类型的星际气体和星际尘埃组成的一个铁饼状的东西。它的直径约为 10 万光年，中心厚度约为 12，000 光年。银河系是一个旋涡星系，具有旋涡结构，即有一个银心和四个旋臂，旋臂相距 4500 光年。太阳位于银河一个支臂上，至银河中心的距离大约是 26，000 光年。

从地球上望出去，银河就像一个环，套在地球周围。这是一个美丽的环，当它一半没在地平线下、另一半横过天空的时候，人们就说，这是一条天河，它把多情的织女和牛郎隔开了。可人们哪里知道，这条天河淹没了 1000 亿颗以上的星星啊！1000 亿是什么概念？如果小朋友一秒钟数一个数，大概三年半的时间能够数到 1 亿，照这个速度推算下去，数到 1000 亿大概得数三千多年呢！

你肯定感兴趣

我们用天文望远镜看到的银河系什么样呢

当我们在晴朗的夜晚，用天文望远镜观察银河系时，会发现银盘外形如薄透镜，以轴对称形式分布于银河系中心周围。银晕是在银盘外围的一个巨大包层，由稀疏的恒星和星际介质组成。银冕处于银河系的最外围，它的范围可远及 50 多万光年以外，比银河系的主体部分还要大。整个银河系的结构加上慢慢旋转的速度看上去非常漂亮。

为什么说星座是魔幻般的呢

5

很多人都喜欢看星星，因为它总是给人一种魔幻般的感觉。什么是星座呢？人们将天空中的星星按照它们的位置和方向，给它们起了很多好听的名字，赋予它们美丽的神话传说，这样就形成了一个个具有活力的星座。

比如，猎户座是所有星座中最亮的一个。它是一个古老的星座，有很多关于它的传说，其中包括天蝎座的故事。天蝎被派去刺杀猎户，这就是为什么它们最终被放在天空两侧的原因。猎户座星云是一块著名的模糊云状物，位于连成"腰带"的 3 颗星星的

猎户座

正下方，我们用肉眼就能看见。它又被称为猎户之剑，是一个发光的发射星云，由其内部的星星"激发"所有的气体而形成。

太阳的温度怎么测定

当我们感冒发烧时，体温达到38℃就已经非常可怕了，但是小朋友知道太阳的"体温"有多高吗？

最初，人们只觉得太阳一定炽热无比，不知道能用什么方法去测量它表面的温度。后来随着科学技术的发展，人们在研究中发现，物体会随着温度的变化而改变颜色。通常规律是：600℃时为深红色，1000℃时为鲜红色，1500℃时为玫瑰色，3000℃时为橙黄色，5000℃时为草黄色，6000℃时为黄白色，25000℃以上时为蓝白色。因此我们可以根据太阳的颜色来估算它的温度。

6

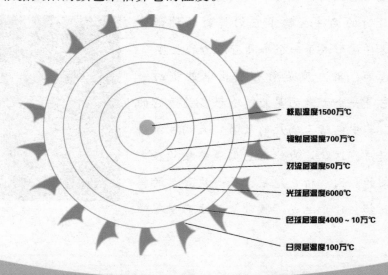

核心温度1500万℃

辐射层温度700万℃

对流层温度50万℃

光球层温度6000℃

色球层温度4000～10万℃

日冕层温度100万℃

我们平时可以看到的太阳圆轮称为光球，光球的颜色呈现黄白色，因此我们可以估计它的温度大概为6000℃。

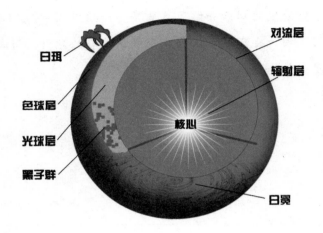

太阳会自转吗

我们知道，地球绕着地轴自转，朝向或背离太阳，形成了白天和黑夜。我们还知道，地球绕太阳公转，周期是365天左右，也就是一年的时间。但是我们往往会错误地认为太阳是静止不动的。实际上，太阳和地球一样，也会自转。在自转的同时，太阳还会脉动，即大约每5秒钟胀大、缩小一次，就仿佛人在呼吸。

如果太阳突然消失，人类多久才能感知

在大多数剧烈的爆炸中——假设那就是太阳突然消失的原因——

任何喷出的微粒将总是比光速慢得多。所以很明显，在黑暗来临之前不会有来自任何微粒的影响。在人们感觉到太阳消失前，以光速传播的辐射仍会以红外线（它只不过是低能量的光）形态到达地球，加热了空气。由于红外线的到来并做了这些事，一段时间后我们才会感觉到太阳的消失。因为存在这个过程，一般认为在地球开始冻结之前太阳已经消失了大约一个星期了。

太阳的"护卫"

小朋友在看古装剧的时候，是不是经常看见一些重要人物的身边总会跟着一些侍卫呢？这些人围在重要人物的身边，他们的职责就是保卫主人的安全。在太阳系中，太阳也有八个类似的"护卫"围绕着太阳转。这八个"护卫"离太阳的距离从小到大依次为水星、金星、地球、火星、木星、土星、天王星、海王星。

水星最接近太阳，是太阳系中最小、最轻的行星。金星是太阳系

中最亮的行星，犹如一颗耀眼的钻石。火星是具有最多有趣地形的固态表面行星。木星是八大行星中最大的一颗，被称为"行星之王"。土星是八大行星中第二大的行星，是一颗带有光环的美丽行星。天王星的体积比海王星大，但是质量却比其小。海王星是距离太阳最远的行星。地球是我们居住的家园。这八颗行星围绕着太阳进行圆周公转，就像"护卫"一样守护着太阳。

你肯定感兴趣

戴草帽的土星为何比水轻

当我们通过天文望远镜观察土星时，会发现在土星周围环绕着一圈漂亮的光环，就像土星戴着一顶草帽一样。土星是由大约75%的氢气和25%的氦气以及少量的水、甲烷、氨气和一些类似岩石的物质组成。土星是由气体构成的，所以特别轻。如果有个足够大的浴缸，里面盛满足够的水的话，我们会发现，土星在里面会漂浮起来！

9

木星会在未来取代太阳吗

通常在人们的认识中，行星不能自己发光，只能依靠反射恒星的光线而发光，然而太阳系中的木星却是一颗能自己发光的行星。木星的中心温度高达30500℃，它的内部持续进行着热核反应，另外还在吸收太阳释放的能量。科学家推测，照这样发展下去木星很可能成为太阳系中的第二颗恒星。但木星不同于熊熊燃烧的气体球恒星，而是主要由液态的氢氦组成，这成为科学家怀疑的理由。关于木星是否会取代太阳是个长久的话题，科学研究仍会继续进行下去。

10

人类居住在火星上会怎样

火星是地球的近邻，它和地球有许多相似的特征。比如火星也有类似月球的卫星，火星上也有明显的四季变化，火星的两极甚至也有白色的冰冠，只不过这些冰冠是由干冰（即二氧化碳的固体形态）组成的。既然这些特征都和地球相差无几，那么人类是否能够在火星上居住呢？

其实火星和地球还是有很大不同的，也并不适合人类居住。火星上的一年大约是地球上两年的时间，冬季的时候温度能够达到－133℃，没有人能够抵御这种寒冷。火星大气层的主要成分是二氧化碳和红色的细微尘埃，所以天空会呈现出美丽的粉红色，但空气中缺

少氧气。如果人们想在这里生活，就必须每天背着一个笨重的氧气罐。而且，居住在火星上，人们将不会有雨中漫步的浪漫，因为火星上没有水。因此，对于地球生物来说，火星上的自然条件太过恶劣。在现有的科学技术条件下，人类根本无法在火星上生存。随着科学技术的发展，人类在将来的某一天也可能会在火星上居住。

你肯定感兴趣

火星上到底有没有生命

为了证明火星上的确有生命之源——水的存在，美国和苏联两个超级大国从20世纪60年代起就开始了大量的火星探测工程。

1975年8月20日和同年的9月9日，美国分别发射了"海盗"1号和"海盗"2号探测器。1976年7月20日和同年的9月3日，这两个探测器依次在火星上成功着陆，大量新的宝贵数据和图像被发回到地球，其中"海盗"1号在火星上工作了6年。不过可惜的是，两次登陆都没有在火星上找到任何有生命的特征或痕迹。

11

金星为什么笼罩在一片迷雾中

很早以来，人们就已经开始观测金星了，可是金星周围有一层很浓的气体，把它笼罩在一片迷雾中，使人们一直看不清它的真面目。20 世纪 30 年代，天文学家从金星的光谱中发现，金星的大气中含有比地球大气中多一万倍的二氧化碳气体。科学家们推测，这种物质是由二氧化碳被太阳的紫外线照射以后变成的。直到 1978 年，美国科学家把两个专门研究金星的航天器送上了金星，结果证实了金星大气的主要成分就是二氧化碳。

宇宙中真的有**外星人**吗

小朋友，你是否想过，在遥远的宇宙深处，在某颗星球上，会不会存在着某种和我们人类一样的智慧生命呢？

澳大利亚的一位天文学家称，整个可见宇宙空间大约有 700 万亿亿颗恒星。这一数字要比地球上沙滩和沙漠中所有沙粒的数量还要多。宇宙中如此多的恒星，而且很多恒星都有行星，其中一些行星上存在生命在理论上是有可能的。

那么，宇宙中到底是否存在外星人呢？在这个问题上，科学家们分成了两大派。一派认为宇宙中很可能存在外星人，不过距离都太过遥远，所以到现在还尚未发现。另一派则不这么认为，他们认为像地球这种能提供使单细胞有机体进化成人的特定环境的星球是很稀少的，因此存在外星人的可能性并不大。

宇宙中是否存在外星人，这已成为当代科学的一大谜团。越来越多好奇的人们正在努力地寻找"地外文明"，也许在将来的某一天，人类会见到真正的外星人。

如何寻找外星人

你看过电影《E.T.》吗？里面的 E.T. 身穿紧身衣，个子矮小、脑袋圆大、嘴巴宽长、手指脚趾比人类的长很多。电影里塑造的外星人毕竟只是人类的幻想，在现实中果真存在这样的外星生命吗？人们又怎样去寻找呢？科学家们做了一系列的尝试，希望通过探测器来找寻外星生命，虽然到现在为止还没有任何外星人的消息，但是科学家们不会放弃继续寻找。

什么是 UFO

UFO 指不明来历、不明空间、不明结构、不明性质，但又漂浮、飞行在空中的物体，简称不明飞行物，俗称飞碟。1980 年 12 月 25 日晚，英国萨福克郡兰德萨姆森林的上空出现了一道奇异的光，这引起了地面部队的警觉。三名士兵迅速顺着光追过去，他们震惊地看到一个小的金属飞行物正穿行在森林上空，最后它停靠在一块空地上。他们偷偷靠近，一名士兵看到该 UFO 的侧面印有奇怪的标志，仿佛埃及的象形文字，于是他迅速掏出笔记本将图形描绘了下来。可惜的是，该 UFO 只停留了一小会儿，就升空消失了。

"扫把星" 为什么会有尾巴

　　小朋友，你在傍晚和晴朗的晚上见过"扫把星"吗？在我国，人们常常把彗星称作"扫把星"，因为彗星的后面总是拖着一条长长的明亮稀疏的尾巴。为什么彗星后面会长"尾巴"呢？

　　彗星主要由冰冻物质水、甲烷、氨气、二氧化碳以及尘埃组成，彗星的主体是彗核。当彗星接近太阳时，受到太阳的高温烘烤，彗星的组成物质蒸发出大量的气体和尘埃，彗星周围形成朦胧的慧发和一条稀薄物质流构成的彗尾，指向背离太阳的方向，看起来就像一条尾巴。彗星的"尾巴"可长可短，当它离太阳很近时，由于蒸发量大，彗尾会很大，而当它远离太阳时，"尾巴"就会变小，甚至消失不见。

15

　　哈雷彗星最近的一次回归是1986年，而下一次回归将在2061年。小朋友，我们共同期待着哈雷彗星的再次回归吧！

你肯定感兴趣

最先发现哈雷彗星的是什么人

著名的哈雷彗星是因英国天文学家哈雷于 1704 年最先算出它的轨道而得名的，它是人类首颗有记录的周期彗星。不过，据史料记载，最早观测到哈雷彗星的是中国人。自公元前 240 年起，中国的史书记载了每次哈雷彗星的出现，无论是次数还是详细程度，在世界上都是最完整的。

流星雨是怎么回事呢

16

小朋友，你看到过流星吗？遇到流星的时候你有没有许愿呢？流星雨是一种很奇特的天文景观，我们常见的猎户座流星雨是由哈雷彗星带来的。

哈雷彗星的轨道非常扁长，远日点超出海王星轨道，近日点却在金星轨道内。哈雷彗星每 76 年就会回到太阳系的核心

区，由于哈雷彗星轨道与地球轨道有两个相交点，散布在彗星轨道上的碎片就形成了著名的猎户座流星雨和宝瓶座流星雨。地球一年中会两次穿过哈雷彗星的轨道。一次是在5月2日至7日，流星雨仿佛是从宝瓶座方向"打"过来，形成宝瓶座流星雨。另一次是在10月16日至27日，这期间流星雨的位置正好在猎户座内，故命名为猎户座流星雨。地球在每年穿过这个环带时，都会碰到它们。于是猎户座流星雨成了"从不失约的流星雨"。

空中为什么会出现多个太阳

17

小朋友听说过"后羿射日"的神话故事吗？故事里描绘了天空中出现了十个太阳，人间民不聊生，为了挽救百姓的生命，后羿弯弓搭箭射下了九个太阳，只剩下了一个太阳。当然，这只不过是神话。传说，在陈桥兵变之前天上就曾出现了两个太阳，赵匡胤因此才借机发动兵变，黄袍加身，创下了宋朝的百年基业。

天空中为什么会同时出现多个太阳呢？难道太阳系

中真有不止一个太阳吗？

　　当然不是。天空之所以会出现多个太阳，是因为在离地面 7 千米的高空中，有大量的冰晶体。当阳光照射到冰晶体上，小冰晶就会像镜子一样将阳光折射出去，在太阳周围环绕成光环，这个美丽的光环叫做"晕"。真正的太阳只有一个，其余的只不过是这些冰晶折射形成的假太阳，是太阳虚幻的影子罢了。

你肯定感兴趣

历史上出现过多个太阳的现象

18

　　1965 年 5 月 7 日下午 16 时 25 分和同年的 6 月 2 日清晨 6 时，在南京浦口区盘城集的上空，先后两次出现了三个太阳并排在空中的景观。

　　1981 年 4 月 18 日，海南岛东方板桥的居民早晨起来，突然发现浅蓝色的天穹上同时出现了五个红艳艳的太阳，中间还有一条绚丽的彩环相连。

2012 年 12 月 10 日，在江苏的苏州、常州、南通、丹阳等地，不少市民看到天空出现了"两个太阳"甚至"三个太阳"的奇观。

如果空中真的有多个太阳会怎么样呢

天空中有一个太阳，我们会有舒适的生活环境。但如果真的出现了第二个和第三个太阳的话，那么环境将变得无法忍受。由于温度太高，植物体内水分流失过快使植物干枯而死，庄稼颗粒无收。人也会不停地出汗，要不停地喝水才能维持身体内的水分。海洋和河流内的水也会加快蒸发，最终导致枯竭，大地会干旱得裂出一条条大缝。那个时候整个世界都会变成沙漠。

19

星星为什么总在不停地眨眼睛

在星光璀璨的夜晚，当小朋友站在阳台上或是坐在院子里仰头观看星星的时候，你有没有发现星星总是在不停地闪啊闪的，像是调皮的孩子在不停地眨眼睛？它们是在和我们玩捉迷藏吗？

其实，我们所看见的夜空中闪烁的繁星，是与太阳

一样燃烧着的巨大的气体火球，它们在外层空间向各个方向发射光线。光线在被我们看到前必须穿过地球大气层。由于光线要通过不同厚度的空气，这就造成光线到达地面时的不规则，使我们看起来觉得星光在颤动。

你肯定感兴趣

天上的星星为什么不会掉下来

当小朋友把球抛起来，它上升到最高点时就会掉下来，所以说，向上运动的东西总会落下来。可是我们看见星星高高地挂在空中，为什么就不会掉下来呢？这是因为天上的星星和太阳一样是恒星，夜空中的恒星距离地球太远了，以至于它们与地球之间的万有引力非常微弱。恒星不会坠落在地球上，但是陨石——这些石质或冰质物体会被地球引力拉入地球，与大气摩擦产生火焰，形成一条亮线，这就是人们所说的"流星"。

天空中的星星会打架吗

经过观测和研究，天文学家发现星球之间存在着彼此吞食、互相残杀的现象。科学家们把这类星球称为宇宙中的"杀星"。曾经有两颗已经进入衰亡期的恒星，虽然它们的体积很小，可质量要比太阳大得多。其中一颗较大的恒星在不停地"吞吃"比它小的那一颗，把小恒星外层物质剥下来吸到自己身上，自己变得越来越大。而那颗被吞食的恒星变得越来越小，最后只剩下一个光秃秃的星核。

揭开神秘月球的面纱

对月亮，小朋友是再熟悉不过了。每逢中秋佳节，我们总是会和父母一起赏月。可是，月球本身是不会发光的，是太阳光照射到月球上经过反射，才让我们看到了美丽的月球。

宋代大才子苏东坡有首词中写道："人有悲欢离合，月有阴晴圆缺。"为什么会说"月有阴晴圆缺"呢？如果小朋友回答说是因为月亮的形状发生了变化，那就错了。事实上，月亮自始至终都是圆的，月亮的圆缺变化是由于太阳、月亮和地球之间的相对位置发生变化所造成的，并不是月亮本身的形状发生了变化。

从新月到满月再到新月的这种周而复始的变化被人们称为月相。从新月到满月，然后再回到新月刚好需要 1

21

个月的时间。

你肯定感兴趣

人类第一次登上月球是什么时候

1969 年 7 月 20 日至 21 日，美国的"阿波罗"11 号飞船载着三名宇航员飞往月球，其中阿姆斯特朗与奥尔德林成功登上月球，首次实现人类踏上月球的理想。美国宇航员阿姆斯特朗在踏上月球表面这一历史时刻时，曾说出了一句被后人奉为经典的话——"这只是我一个人的一小步，但却是整个人类的一大步"。此后美国又相继 6 次发射"阿波罗"号飞船，其中 5 次成功，总共有 12 名航天员登上月球。

中国探月过程的进展

2007 年 10 月 24 日 18 时 05 分，"嫦娥一号"探测器从西昌卫星发射中心由"长征三号甲"运载火箭成功发射。卫星发射后，经过 8 次变轨，于 11 月 7 日正式进入工作轨道。11 月 18 日卫星转为对月定向姿态，11 月 20 日开始传回探测数据。2010 年 10 月 1 日 18 时 59 分 57 秒，中国又在西昌卫星发射中心发射了"嫦娥二号"月球探测器，并获得了圆满成功。

第二章　神奇地理早揭晓

　　小朋友有没有出去旅游的经历呢？你是坐轮船还是乘坐飞机去的？广阔的海洋、无垠的蓝天有没有让你产生对自然的好奇心？陆地上所有的地方都是有山有水的美景吗？现在开始，让我们一起揭晓神奇的地理吧！

海洋是怎么形成的

　　从宇航员在太空发回的地球照片上看，地球是一颗蓝色的星球，表面有71%的地方都被海水覆盖，那么这么多的海水是从哪里来的？大海又是怎么形成的呢？

　　生命之初的地球并不是现在这个样子的，在地球的构成物质中含有大量的水分和气体，后来由于地球重力的作用，地球岩石越来越紧密地靠拢在一起，就把岩石中的水汽挤压了出来。水汽由于岩石的挤压，并通过地震和火山爆发从地壳中喷泻了出来，在进入空气中时遇冷又凝结成云雨降落到地面，最终不断汇集到一起形成了最早的江河湖泊。江河川流又不断汇合，就形成了现在地球上的汪洋大海。

24

海水为什么是蓝色的

我们知道水是无色的，可是为什么我们从高空看海洋里的水是蓝色的呢？其实我们所看到的蓝色是海水对太阳光反射的颜色。太阳光照向海水时，海水对太阳光中的红色、黄色光进行选择吸收，对蓝色、紫色光进行强烈地散射和反射，所以我们看到的海水就是蓝色的了。

红海名称的由来

印度洋西北有一个位于亚洲与非洲之间的叫做红海的内陆海。它之所以被称为红海有各种说法。有人认为，红海中有大量红藻，它们在海中发生季节性大规模繁殖，使海水看上去变成了红褐色，甚至有时连天空、海岸都会被映成红色，所以人们就把这片海域称为红海。也有人认为，撒哈拉大沙漠的红沙被狂风卷到红海上空，红海海面在布满红沙的天空映照下，形成了一片奇特的红色世界，故名红海。

龙卷风是怎么一回事

小朋友，你喜欢有风的季节吗？是喜欢暖暖的春风，还是凉爽的秋风呢？对人们来说风是很常见的一种自然现象，不过世界上的风可以分为很多种。既有让人感到舒服的微风，也有可以把火车举到空中的狂风，当然，这种风也可以轻易地把房子撕成碎片。

不要以为这是危言耸听，世界上真的有这种风，它就是龙卷风。一旦遇见这种风，小朋友就赶紧找个安全的地方躲避吧！

龙卷风来临之前是有征兆的！

征兆1：雷雨云顶部凸起。一团雷雨云的顶部通常是平坦的，否

则就是正在孕育一场龙卷风。如果它的顶部鼓起来了，接下来在中心附近的空气就会冲上去，在顶部打开一个洞。

征兆2：雷雨云底部凸起。在雷雨云的底部伸出一串突出的乌云，这是非常恶劣的风暴天气即将来临的征兆。有人说这些突出的乌云有点像奶牛的一串乳房。

征兆3：巨大的咆哮声。从龙卷风灾难中生还的人说，他们当时听到了一种巨大的咆哮声，就像喷气式飞机引擎发动的声响，或是一列火车从你跟前开过的声音。

你肯定感兴趣

龙卷风是怎样发生的

27

当一股龙卷风触地的时候，有点像一个超级真空吸尘器，能把途经的一切东西吸到天上去，包括人和房屋以及地面上的东西。然后，

（1）在夏季雷雨云中，空气开始水平旋转。
　　这时，地面上方的空气被地面加热了。
（2）旋转的空气向下流动，快到地面附近的
　　热空气越转越快。
（3）当空气上升的时候，它逐渐冷却，密度
　　很大，就形成了漏斗形的旋涡云。

人和这些东西会被龙卷风裹着打转，可能会被撕成碎片，也有可能被完整地吐出来。

<h1 style="text-align:center">百慕大三角为什么被称为
"死亡三角"</h1>

28

小朋友，你听说过百慕大吗？大名鼎鼎的百慕大三角区已经成为神秘地带的代表。近几十年来，无论是天上的飞机还是海上的船舶，到了这里都会神秘失踪。更离奇的是，救难者无法找到遇难飞机、船舶的残片，更别说找到遇难者的尸体了，所以这里又称为"死亡三角"。

那么，为什么会出现这样一种奇异现象呢？科学家们主要有以下两种观点。

观点1：苏联专家认为是由于此处海底地貌复杂，形成了多个巨大的旋涡流，大量生长的马尾藻使温度变得极高，可能造成飞机爆炸、船舶沉没。

观点2：有些科学家认为，当发生地震、火山喷发或风暴灾害时会产生次声波，虽然人耳无法听到但破坏力极大。而百慕大区域的次声波最为活跃，导致了种种惨剧的发生。

关于百慕大之谜，向来是众说纷纭，吸引着一批批的科学家为之着迷、为之探索。小朋友若是对此感兴趣，不妨自己多查找一些相关资料，探索一下百慕大之谜。

你肯定感兴趣

29

威德尔海为何被称作"魔海"

位于南极的威德尔海极为神秘，被人称为"魔海"。"魔海"最大的魔力就是流冰群，一旦船只航行到流冰群的缝隙之中，就会异常危

险，一不小心船只就会被撞坏或无法冲出流冰的包围沉没海中。"魔海"还有可怕的"魔风"。在刮南风时，流冰间会出现较大的缝隙，并不影响船只的航行，可一旦刮起北风时，流冰就会挤到一块把船只包围。所以在威德尔海及南极其他海域，一直有"南风行船乐悠悠，一变北风逃外洋"之说。

死海为什么淹不死人

相信小朋友都喜欢游泳或是泡在水里吧？尤其是到了夏天，天气炎热，泡在凉凉的水中很是舒服。不过，你知道在哪儿游泳又安全又有利身体健康吗？去死海看看吧。

死海位于阿拉伯半岛，是世界陆地表面最低点，有"世界的肚脐"之称。死海也是世界上最深的咸水湖。死海海水的含盐量高达35%，在可溶性盐类中主要是氯化镁、氯化钠和氯化钾。死海蕴藏的盐类资源，其数量非常大，据有关文献报道，盐类总量在430亿吨以上，可见其资源丰富的程度。因为在这个海里几乎没有生物存活，甚至连沿岸的陆地上也很少有生物，所以被称为死海。但是它吸引了许多游客去玩，即使不会游泳的人也都敢下海玩耍，不用担心会淹死，这是为什么呢？

原来，死海中的盐分越来越多，比一般海水的含盐量高出很多，密度达到了每立方米1.2千克，比人体的密度还要大（注：密度是物质的一种特性，不随质量和体积的变化而变化。密度小的物体可以浮在密度大的液体之中）。因此，在这样的水中游泳，即使不会游泳也可以放心畅游，不用担心会被淹死。

你肯定感兴趣

31

死海将"死"

由于死海位于沙漠之中，降雨极少且不规则，高温的气候使蒸发量很大，达到平均每年1400毫米，而唯一向死海供水的约旦河水被用于灌溉，使得死海的面积不断缩小。死海面积已从1947年的1031平方千米缩小到如今的683平方千米，这就是说，在几十年里，死海面积减少了近30%，因此，人们预计死海最终将在100年内逐渐干涸，死海将不复存在。

中国也有"死海"吗

中国也有类似于死海的咸水湖，位于中国境内四川省大英县，是一个形成于 1.5 亿年前的地下古盐湖，盐卤资源储量十分丰富。由于其盐含量类似死海，人在水中可以漂浮不沉，故誉为"中国死海"。

这里的海水富含的钠、钾、钙、碘等 40 多种矿物质和微量元素，对风湿关节炎、皮肤病、肥胖症等疾病具有一定疗效。

32

沙漠是怎么产生的

一提起沙漠，小朋友是不是脑海中呈现一幅壮阔的画面：起伏的沙丘，远处有一队骆驼在夕阳下缓缓前行……这景色真的是美极了。不过，你了解沙漠吗？辽阔的沙漠在给人以壮美的感觉的同时，也吞噬了无数美好的生命。

经过研究，科学家们认为，就自然界方面的原因来说，风是形成沙漠的动力，沙是形成沙漠的物质基础，干旱则是出现沙漠的必要条件。风吹跑了地面的泥沙，使大地裸露出岩石的外壳，或者仅仅剩下些砾石，成为荒凉的戈壁。那些被吹跑的沙粒在风力减弱或遇到障碍时堆成许多沙丘，掩盖在地面上，形成了沙漠。地球上南北纬 15°～

35°之间的信风带，气压较高，天气稳定，雨量较少，空气干燥，是容易形成沙漠的场所。

就社会原因来说，滥伐森林、过度放牧等行为加剧了沙漠的扩张。人们在治理沙漠的同时，也在思考如何延缓沙漠危害人类生存地带的速度。

你肯定感兴趣

33

会唱歌的沙子

很多地方的沙山竟然能"唱歌"。有的似钟鸣般美妙悦耳，有的似雷声般滚滚轰鸣……美国夏威夷群岛的高阿夷岛上的沙子，人称"犬吠沙"，因为其能发出一阵阵好像狗叫一样的声音。苏格兰爱格岛上的沙子能发出一种尖锐响亮的

声音，就好像食指在拉紧的丝弦上弹了一下。中国敦煌的鸣沙山，沙子会发出轰隆的巨响，像打雷一样。

海市蜃楼是怎么产生的

19世纪时，欧洲的一支探险队进入非洲撒哈拉大沙漠进行探险。探险队进入沙漠后，所携带的饮用水一天比一天少。有一天，他们忽然发现在前方不远的地方有一个很大的湖泊，湖水在刺眼的烈日照耀下波光粼粼。探险队员看到后喜出望外，欢呼雀跃地拿着水桶向湖边跑去，但跑了很久也未能靠近那片湖泊。这些人遇到的是一种奇特的自然现象——海市蜃楼。

海市蜃楼不仅仅会在沙漠中出现，也会出现在海上、柏油马路上等其他地方。为什么会产生这样的现象呢？原来，海市蜃楼是光在密度分布不均匀的空气中传播时发生全反射而产生的。在沙漠中，由于强烈的太阳光照射在沙地上，接近地面的空气被迅速加热，密度比上层空气的密度小，折射率也小。从远处物体摄向地面的光线，进入折射率小的热空气层时被折射，入射角逐渐增大，发生全反射，人们逆着反射光线看去，就会看到远处物体的倒影，仿佛真的存在一样。

34

地震是怎样发生的

2008年5月12日，四川省汶川地区发生了8级地震，重创了约50万平方千米的中国大地。这是新中国成立以来破坏性最强、波及范围最大的一次地震。

　　小朋友看到这里，在痛心的同时是不是也会想，地震是怎么一回事呢？

　　地震是一种自然灾害，它的形成有两种原因，一是火山爆发，一是地下岩石运动。我们所在的地球在不断运动和变化的过程中，逐渐积累了巨大的能量，在地壳某些脆弱地带，造成岩层突然发生破裂，或者引发原有断层的错动，这就形成了地震。一些地震是发生在地下很深的岩石圈中，有的甚至深达数百千米，这么深的地震源和坚硬的岩石圈给人类预测地震造成了很大的难度。

　　现在，科学家们终于找到了一种新的预测地震的方法，运用卫星预测地震，科学家们借助卫星遥感技术进一步了解和观测地壳活动。

我的第一本百科知识书

你肯定感兴趣

地震前会有什么征兆

征兆指地震发生前出现的异常现象，例如井水、泉水突然枯竭或涌出、冒泡、变味等，一些动物也会发生异常反应，牛、马、老鼠会变得惊慌不安，行走中突然惊跑等。人们总结了震前井水变化的谚语：

36

井水是个宝，地震有前兆。

无雨泉水浑，天干井水冒。

水位升降大，翻花冒气泡。

有的变颜色，有的变味道。

发生地震时该怎么办

首先，在遇到地震时一定要沉着冷静，不要害怕。我们要通过楼梯尽快下楼，不要乘坐电梯，跑到比较空旷的操场或院子里，远离楼房建筑。如果来不及跑出房间也不要害怕，这时我们要寻找最佳的躲避地点，比如坚固的家具旁边、厨房或厕所等小的房间内和墙根墙角的地方等。因为这些地方在房间倒塌后可以形成三角空间，是人们得以幸存的相对安全点。

为什么会喷火

37

小朋友，你在电视中看到过火山喷发的情景吗？人们总是惧怕火山爆发的威力，那么火山是怎么一回事呢？

火山喷发是地壳中的岩浆喷出地面时的现象。平时，地壳把岩浆紧紧地包住，地球内部有极高的温度，岩浆"不甘于寂寞"，总想着逃出去。但是地下压力巨大，岩浆无法轻易地冲出来。在地壳结合得比较脆弱的地方压力会小一些，这里的岩浆活动力就会很强，容易喷出地面。当岩浆冲出地面时，原来被约束在岩浆中的水蒸气和气体很快分离出来，体积迅速膨胀，火山爆发就此产生。

火山资源有什么利用价值

火山资源主要体现在它的旅游价值、地热利用和火山岩材料等方面。例如冰岛地处火山活动频繁地带，可以开发利用的地热能非常大，当地的居民通过利用地热能发电、取暖，包括进行温室蔬菜花草种植、建立全天候室外游泳馆、在人行道和停车场下铺设热水管道以加快冬雪融化等。

现在，全世界有十几个国家都在利用地热发电。我国西藏羊八井建立了全国最大的地热试验基地，取得了很好的成绩。

海啸是怎么产生的

海啸是从海底到海面整个水体的波动，其中所含的能量惊人。海底地震、火山喷发、滑坡都会引起海啸的发生。这些灾害在海底造成剧烈的震动，会产生波长特别长的巨浪，水位就会突然上涨，产生具有强大冲击力的海啸。

此外，陨石撞击也会造成海啸，巨浪可以达到百尺，陨石造成的海啸在任何水域都有可能发生，不过因为陨石撞击而造成的海啸千年才可能发生一次。

39

神奇的地下溶洞是怎么形成的

小朋友，你见过溶洞吗？在西安市南秦岭山有一片柞水溶洞风景区，那里环境灵秀典雅，被誉为"北国奇观"和"西北一绝"。目前已发现溶洞 115 个，已对外开放的佛爷洞、天洞、风洞、百神洞内，形态各异的钟乳石琳琅满目、绚丽多姿、引人入胜。这些美丽的景观是如何形成的？这些溶洞又是怎么形成的呢？

溶洞的形成是石灰岩地区地下水长期溶蚀的结果。地表水沿着石灰岩裂缝向下渗流和溶蚀后，慢慢形成了落水洞。当含有碳酸氢钙的水从洞顶滴到洞底时，慢慢析出碳酸钙的沉淀，经过千百万年的沉积钙化就会形成乳石、石幔、石花等。当洞顶的钟乳石与地面的石笋连接起来后，就形成了奇特的石柱。这样，奇妙的溶洞景观也就出现了。

中国四大溶洞有哪些

  福建省将乐县的玉华洞是福建省最长最大的石灰岩溶洞，被誉为"闽山第一洞"；北京市房山区的石花洞是中国华北地区岩溶洞穴的典型代表，被专家评价为中国罕见的多层洞、岩溶景观最丰富的溶洞，被誉为"北京地下明珠"；桂林西北的芦笛岩洞被誉为"大自然的艺术之宫"；浙江桐庐的瑶琳洞被誉为全国溶洞之冠，称为"瑶琳仙境"。

41

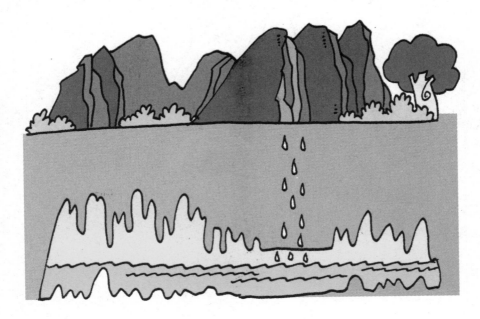

中国最长的洞穴——双河洞

　　贵州绥阳县双河溶洞是中国最长的溶洞。此溶洞洞长为100.06千米，在亚洲仅次于位于马来西亚的瓜爱尔杰尼赫洞。通过考察，专家在这里发现了8种新洞穴动物，还有5种双河洞特有动物，包括透明钩虾、裸中遁蛛、桂花泰莱蛛、小沟黔行步甲和小沟黔行步甲陈氏亚种。双河溶洞洞穴生物新发现作为"活化石"，对于研究中国西南地区岩溶生态、气候演变、生物进化以及重建古环境等具有重要价值。

42

第三章　自然现象·小百科

　　小朋友，你最喜欢什么样的天气？是电闪雷鸣、雨后初晴，还是天空中飘着晶莹洁白的雪花？你想不想知道闪电和打雷是怎么一回事？想不想知道雪花是怎样形成的呢？接下来，我们就一起来了解自然现象的奥秘吧！

空气为什么会跑

空气没有手和脚，怎么会跑呢？空气本身当然不会跑，但是一个地方的空气会因为外力的作用而进行运动，这也就是我们平时所说的风。那么，空气为什么会跑呢？这种外力又是什么呢？

空气之所以会跑从而形成风，是由不同的空气压力差引起的。当某个地方的温度比较高时，空气会膨胀上升，那么地面的空气变少使得空气压力变小，高空的空气变多使得空气压力加大。当另外一个地方的温度比较低，空气受冷就会下降，地面的空气压力就比较大，高空的空气压力比较小，这样两个地方的空气就形成了一个循环，由空气压力大的地方流向空气压力小的地方，这样就产生了风。

你肯定感兴趣

季风是怎么产生的

在炎热的夏季，陆地上的温度比较高，地面空气稀薄，空气压力小。海洋上空气温度上升比较慢，空气下降，空气压力大。这种空气压力差就会使海面上的空气流向陆地。在寒冷的冬季，陆地上的温度下降比较快，海洋上的空气因为海水的影响温度比较高，所以就会形成风由陆地吹向海洋的现象。这种随季节变化而改变风向的风，我们称之为季风。

风的利用价值

45

在常年风力比较大的地方，人们通过风车把风能聚集起来，用以灌溉、发电和采暖。当风吹动风轮时，风力带动风轮绕轴旋转，使得风能转化为机械能。

耀眼的闪电会追着人跑吗

　　我们在电视上经常会听到有人这样说："你做了这么多坏事，不怕天打雷劈吗？"难道人做了坏事，雷电就会像长了眼睛一样追着这个人跑吗？

　　当然不是。其实，闪电只是大气中的一种放电现象。天上的积雨云携带着不同性质的电荷，我们知道不同性质的电荷是相互吸引的，就像磁铁的两极互相吸引一样。当云层里面的电荷越积越多，正负电荷之间的吸引力就会洞穿空气，强行汇合在一起，通道上的空气被点着而激烈燃烧，使得温度甚至比太阳表面的温度还要高出好几倍，并发出夺目的白光，这就是我们看到的闪电了。

46

你肯定感兴趣

海底有闪电吗

海底也有闪电，这是苏联科学家在日本海底发现的。灵敏的电场仪表明，海底放电的频率与大气中闪电的频率相同，这使科学家大惑不解。科学家经过反复试验，最后认为：电荷源实际上来自陆地上近海岸的空中，再经过岩石传导，一直深入海底。但随着传导距离的增加，电量逐渐减少。因此海底测得的放电量一般是较弱的。

47

闪电是什么颜色的

一般闪电多为蓝色、红色或白色，但有时也有黑色闪电。1974 年6 月 23 日，苏联天文学家契尔诺夫就曾经在扎巴洛日城看见过一次"黑色闪电"：一开始是强烈的球状闪电，紧接着，后面就飞过一团黑色的东西，这东西看上去像雾状的凝结物。经过研究分析表明：黑色闪电是由分子气凝胶聚集物产生出来的，而这些聚集物是发热的带电物质，极容易爆炸或转变为球状的闪电，其危险性极大。

雷声是云彩在大吼吗

夏季，当天空下起倾盆大雨时，伴随着闪电到来的是轰鸣的雷声。滚滚而来的沉重雷声从云间传来，难道是云彩在大吼吗？

48

我们已经知道闪电是怎样产生的，知道在云层正负电荷接触到一起之后会产生极高的温度。而雷声是空气和水滴由于骤然受热，突然膨胀所发出来的巨大声响。雷声和闪电本来是同时发出的，但是因为闪电是光，光比声音的传播速度要快很多，所以我们总是先看到闪电，后听到雷声。

你肯定感兴趣

你不能不知道的防雷击小知识

（1）在打雷下雨时，严禁在山顶或者高丘地带停留，不能在大树下、电线杆附近躲避，也不要行走或站立在空旷的田野里，应尽快躲在低洼处，或尽可能找房屋或干燥的洞穴躲避。

49

（2）雷雨天气时，不要用金属柄雨伞，摘下金属架眼镜、手表、裤带，不要用手机接打电话，若是骑车要尽快离开自行车，亦应远离

其他金属物体，以免产生导电而被雷电击中。

（3）在雷雨天气，不要去江河湖边游泳、划船、垂钓等。

（4）在电闪雷鸣、风雨交加之时，人们应立即关掉室内的电视机、收录机、音响、空调等电器，以避免发生导电。打雷时，在房间的正中央较为安全，切忌停留在电灯正下面，忌依靠在柱子、墙壁边、门窗边，以避免在打雷时产生感应电而致意外。

天空为什么会下雨

50

夏季是多雨的季节，一到雨天，天空乌云密布，电闪雷鸣，雨点滴落在大地上。不过，小朋友知道天空为什么会下雨吗？

雨是从云中降落的水滴，陆地和海洋表面的水蒸发变成水蒸气，水蒸气上升到一定高度之后遇冷变成小水滴，这些小水滴组成了云，它们在云里互相碰撞，合并成大水滴，当它大到空气托不住的时候，就从云中落了下来，形成了雨。

雨的成因多种多样，它的表现形态也各式各样，有毛毛细雨，有连绵不断的淫雨，还有倾盆而下的阵雨。雨水是人类生活中重要的淡水资源，植物也要靠雨露的滋润而茁壮成长。但暴雨造成的洪水也会给人类带来巨大的灾难。

你肯定感兴趣

下雨有什么好处

（1）雨是地球不可缺少的一部分，是几乎所有远离河流的陆生植物补给淡水的唯一方法。

（2）雨可以灌溉农作物，利于植树造林。

（3）雨能够减少空气中的灰尘，能够降低气温。

（4）下雨利于水库蓄水，可以补充地下水，可以补充河流水量，利于发电和航运。

（5）下雨可以隔绝嘈杂的世界，营造安宁的环境，可以催眠，可以洗刷街道。

（6）雨能冲走地面垃圾，稀释有毒物质，净化环境。

51

人工降雨是怎么回事

人工降雨，是根据不同云层的物理特性，选择合适时机，用飞机、火箭向云中播撒干冰、碘化银、盐粉等催化剂，使云层降水或增加降水量，以解除或缓解农田干旱、增加水库灌溉水量或供水能力、增加发电水量等。

中国最早的人工降雨试验是在 1958 年，吉林省在这年夏季遭受 60 年未遇的大旱，人工降雨获得了成功。1987 年在扑灭大兴安岭特大森林火灾中，人工降雨也发挥了重要作用。

52

彩虹为什么是七种颜色

毛泽东在一首词中有"赤橙黄绿青蓝紫，谁持彩练当空舞"的句子，描绘的是彩虹高挂天空的美妙景象。在炎炎夏日，雨过天晴之后，天空中有时就可以看到一条七色的彩虹，十分美丽。那么，彩虹是怎么形成的呢？它又为什么会呈现七种不同的颜色呢？

原来，太阳光是由七种不同颜色的光线组成的，这七种颜色复合在一起，就是人们平时看到的白色阳光。当阳光经过水滴的折射，光线改变了原来的传播方向，太阳光就会被分解为七种颜色。夏日雨后，空气中还飘散着许多的小水滴，当阳光照射在这些小水滴上时，发生

了两次折射、一次反射，于是光线就被分散开了，就形成了我们看到的彩虹。

空中为什么会出现双彩虹现象

2009 年 7 月 9 日，在广东省新兴县一场大雨过后，在天空出现了两道彩虹，一上一下，持续了将近半个小时，很是神奇。这就是双彩虹现象，它一般是在彩虹外边出现一条同心但较暗的副虹。当阳光经过水滴时，它会在水滴内经过两次折射，这样就出现了第二条彩虹。

如何用三棱镜巧分七彩光

1666 年，英国物理学家牛顿做了一次非常著名的实验，他用三棱

53

镜将太阳白光分解为红、橙、黄、绿、青、蓝、紫七色色带。他是怎么做到的呢？下面我来教给你。

首先，你要准备一块三棱镜和一块白色硬纸板。

然后，将三棱镜放在阳光下，当阳光透过三棱镜时就会发生两次折射和一次反射。

最后，将白色硬纸板紧贴三棱镜，这样就可以在硬纸板上显现七种颜色的光线。

54

酸雨真的很酸吗

你知道什么是酸雨吗？你或许会说，顾名思义，酸雨就是味道酸的雨。真的是这样子的吗？

所谓的酸雨并不是一种味道酸酸的雨，而是指 pH 值小于 5.6 的雨雪或其他形式的降水，是一种自然灾害性天气。人类在工业生产的过程中，燃烧矿物燃料排放出的二氧化硫和二氧化氮可以与空气中的水汽结合形成弱酸，附着在水滴之中，当下雨的时候，就随着雨水从天而降，这就是人们常说的酸雨。

Tips

　　pH 值：表示溶液酸性或碱性程度的数值，即氢离子浓度指数。pH ＞7 为碱性，pH ＜7 为酸性。

　　下面我们来说说酸雨都有什么危害吧。

　　酸雨降落到河流、湖泊中，会引起水质的酸化，减少水草和水生微生物的生长，从而影响渔业的发展。酸雨会导致土壤酸化，改变土壤结构，导致土壤的贫瘠化，影响到植物的正常生长。酸雨还会腐蚀建筑，尤其是对暴露在外的文物的破坏。另外，酸雨对人的身体健康也有不良的影响。

55

　　所以，我们应该注意保护环境，尽力制止破坏环境的行为，减少酸雨现象的发生。

你肯定感兴趣

酸雨为什么会袭击南极

　　南极洲没有人类的污染，空气应该很清新。可令人震惊的是，南极也观测到了酸雨，而且是比较强的酸雨。例如，中国南极长城站

1998 年 4 月曾先后 8 次观测到酸雨。长城站的铁质房屋和塔台被锈蚀得层层剥落，有的还不得不进行更新。为了减缓腐蚀，每年要刷 2～3 次油漆。原来，空中的大气是流动的，虽然南极并没有受到太大的污染，可是只要还在地球上，被污染的空气就会流动到世界各地，没有地方能够置身事外。所以，保护环境、减少污染应该得到全人类的重视。

酸雨会损害玻璃吗

在欧洲，镶有中世纪古老彩色玻璃的教堂等建筑超过 10 万栋。这些彩色玻璃弥足珍贵，在第二次世界大战中曾卸下来疏散开，多数安然无恙。可是它们却和其他古建筑一样，不能躲过酸雨的侵袭。这些彩色玻璃逐渐失去神秘的光泽，它们变褐，有的甚至完全褪色。只要你仔细观察玻璃表面，会发现上面有无数细小的洞，酸雨就是通过这些小洞从内部损害了玻璃。

为什么水往低处流

"大河向东流，天上的星星参北斗啊"，这句歌词相信很多小朋友都耳熟能详。那么，大河为什么要向东流呢？原来，我国的地势是呈西高东低阶梯状分布的，所以河流里的水就会从西向东流入大海。那为什么水会往低处流，而不是向高处流或是静止不动呢？

首先，这是因为水是一种液体，液体的特性就是容纳它的物体是什么形状，那它就会变成什么形状。其次，是因为在地球上的一切事物都不可避免地要受到地球引力的影响。1687 年，物理学家牛顿从一颗从树上掉落的苹果发现了万有引力。地球重力就是万有引力的一种，水受到的地球重力是向下的，所以水就会往低处流。

57

你肯定感兴趣

冰为什么会浮在水面上

到了寒冷的冬季，小朋友在北方就会看到，水面结冰后，冰块是浮在水面上的。冰块之所以会浮在水面上，是因为水分子在固态时要比在液态时的空间大，因而一定体积的冰块要比相同体积的水的重量轻。

根据物理常识，当物体密度大于液体密度时，这个物体就会下沉；当物体密度小于液体密度时，这个物体就会上浮；当物体密度等于液体密度时，可以在液体任意深度悬浮。由于冰的密度约是0.9，小于水的密度（约1.0），所以冰会漂浮在水面上。

冰雹的大小取决于什么

冰雹的大小取决于雷暴中的一种力的强弱，气象学家将其称作上升气流。水汽在降落的过程中变成水滴，遇到上升气流后被抬升变成冰珠，然后由于重力原因再次下落，在这期间可能会在空气中再次遇到上升气流抬升，或者在空气扰流中翻滚。要形成直径达12厘米以上的冰雹，上升气流的速度需要达到每小时161千

米以上。而空气扰流的范围越广、强度越高，所形成的冰雹体积也就越大。

美国怀俄明州，特别是该州的东南部地区，号称美国的"冰雹之都"。1979年，在美国堪萨斯州的科菲维尔市下的一个冰雹重达758克，堪称史上有名。

飘落的雪花是怎样形成的

　　小朋友，你见过下雪吗？喜欢洁白晶莹的雪花吗？有没有和父母或朋友在雪地里打闹、堆雪人的经历呢？天空中飘落的雪花看起来就像是一个个小精灵，是那么纯洁美丽。不过，小朋友你知道雪花是怎样形成的吗？

　　我们知道，液态的水在温度极低的情况下会变成固体的冰，而不是像雪花一样的晶体。难道雪花不是由水变成的吗？雪花当然是水变成的，不过严格来说，不是由水直接变成的，而是空气中的水蒸气遇冷凝结成的。在一般情况下，气体要先变成液体，然后才会变成固体。也就是说水蒸气要先凝结成水，然后才会变成冰。而雪花却是由气体直接变成的固体，是水蒸气直接凝结成的，所以又与冰块不同。

59

雪花是什么颜色的呢？看起来，雪花似乎是白的。实际上，雪是冰的晶体，冰晶是无色透明的。只不过它的每一面都像一个小镜子，反射光线的能力非常强，就显示出了白色。雪花还非常轻，五千朵到一万朵雪花才有一克重。

雪花是什么形状的

雪花多呈六角形，因为冰的分子以六角形为最多。雪花从空中飘落时，为什么能保持六角形的形态呢？科学家们发现，雪花在空中飘浮时，本身还会振动，而这种振动是环绕对称点进行的，而这个对称点正是最初形成的冰晶，这就是雪花保持形态在飘落过程中不发生变化的原因。

为什么说瑞雪兆丰年

雪是具有很好保温效果的物质，可以在寒冬保护植物不被冻伤，来年开春雪水融化可以为植被提供良好的供水。由于雪的导热能力很差，土壤表面盖上一层雪被，可以减少土壤热量的外传，阻

挡雪面上寒气的侵入，所以，受雪保护的庄稼可安全过冬。积雪还能为农作物储蓄水分。此外，雪还能增强土壤肥力。据测定，每1升雪水里，约含氮化物7.5克。雪水渗入土壤，就等于施了一次氮肥。所以人们说"瑞雪兆丰年"。

火焰 为什么向上跳跃燃烧

小朋友，对火焰你一定不陌生吧，妈妈在炒菜的时候，用的煤气炉就会产生火来帮助食物加热，小火苗向上跳跃，把锅中的食物一点点地加热。

61

火是燃料和空气混合后迅速转变为燃烧产物的化学过程中出现的可见光或其他的物理表现形式，是一种常见的物理现象。不过，为什么火是向上燃烧的呢？

其实，这还是和地球的引力分不开。

因为有地球引力的存在，火焰把上方的空气加热，热空气上升，使得密度小的热空气受浮力上升，产生气流。而周围的冷空气就过来补充，这样就在火焰周围产生一个上升的气流，使得火焰呈长条形状。

火可以给人带来许多益处，但使用不慎却可以害人至深。

你肯定感兴趣

为什么火焰通常是橙红色的

在壁炉里燃烧的柴火有黄色、橙色、红色、白色和蓝色的火焰。火焰的颜色取决于两个因素：火的温度和燃烧的物质。燃烧的温度越高，火焰的颜色也会随之变化得越明显，会由开始的黄色变成橙红色、白色，然后是蓝色，而不是保持橙红色不变，呈现蓝色实际上表明温度最高。

62

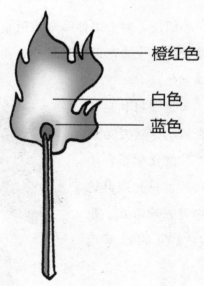

橙红色

白色

蓝色

第四章　人体揭秘小百科

莎士比亚曾说过："人类是一件多么了不起的杰作啊！"可是大多数人却对自己身体的神奇之处了解甚少。当我们出生在这个世界上，我们的身体内部便开始了复杂而又有条不紊的配合运作，产生种种奇妙的反应。现在，让我们一起揭秘神奇的人体奥秘吧！

为什么人类有不同的肤色

小朋友，你见过黑种人和白种人吗？你知道为什么人类会有不同的肤色吗？

虽然世界上有"黄种人""黑种人"和"白种人"，但这并不足以概括人类的多种肤色。皮肤的颜色取决于一种叫做黑色素的化学物质。皮肤里的黑色素越多，肤色就越深。

阳光中的紫外线会晒伤皮肤，甚至导致皮肤癌，而黑色素像防晒霜一样，可以吸收阳光中的紫外线，起到保护皮肤的作用。所以，黑色素是人类皮肤的保护伞。

如今，人类遍布于世界的各个角落，他们的肤色便反映了世界各地的气候状况：在光照不足的欧洲，居民的肤色较浅，成为"白种人"；而在非洲和大洋洲，土著人的皮肤由于接收较多阳光的照晒，他们皮肤内的黑色素较多，成为"黑种人"。大多数中国人是"黄种人"。

　　近年来，随着交通工具的飞速发展，人们可以自由地往来世界各地，结果也出现了几种不同肤色的混合肤色。

为什么人的嘴唇颜色有深有浅呢

65

　　嘴唇表皮的角蛋白含量较少，因此比脸上的皮肤更透明。这使得嘴唇下的毛细血管变得更明显，这就是嘴唇是红色或粉色的原因。嘴唇颜色的亮度取决于个人的皮肤厚度及在嘴唇下流动的血管的数量。血管越多，皮肤越薄，嘴唇就越红。

　　不过，嘴唇的颜色同样受黑色素的影响。黑色素越多，就越容易使嘴唇呈现从紫色到棕色的颜色。我们皮肤中黑色素的数量是有遗传性的，因此基因在决定嘴唇的颜色方面起了一定的作用。

为什么有些人的头发天生是弯曲的

　　头发的生长取决于毛囊基部乳头的细胞分裂。把头发想象成一个钟面，如果细胞以平均速度分裂，头发就会直着生长。如果头发在某个时间段内比其他时间段长得快的话，那头发就会弯曲，这样就会长成弯曲的头发了。

当头发细胞在一个"绕着钟"的循环里分裂得更快时，就形成了紧密的卷发。如果某个卷发的人毛囊里的细胞突然开始以匀速分裂，头发又将开始直着生长。

人的身高为什么有高矮之分

66

小朋友，你是否有过这样的疑惑：人为什么有高矮之分？对这个问题，大多数人认为有三个基本因素：一是遗传，二是受特定生活环境的影响，三是培养与教育。要使身体长高，通常与人体的内分泌腺有密切的关系。

青春期生长突增中，身高的增长非常快。长高的原因主要是骨骼的发育。青春期男孩每年可增高 7～9 厘米，最多可达 10～12 厘米。青春期女孩每年可增高 5～7 厘米，最多可达 8～10 厘米。这主要靠下肢和脊柱的增长。一

般女性在 19 ~ 23 岁、男性在 23 ~ 26 岁身高才停止增长。这时因为骨骺（hóu）闭合，所以基本不再长高了。由于女性的骨骺闭合一般比男性早，所以成年女性一般都比男性矮。

你肯定感兴趣

世界上最高的人和最矮的人

最高的人是美国人罗伯特·沃德洛，1940 年他去世前的身高为 2.72 米。

最矮的人是尼泊尔老翁钱德拉·巴哈杜尔·当吉，73 岁的他身高为 54.6 厘米。

我还能长高吗

随着生活质量的提高，人的平均身高也有显著增加。那我们什么时候就停止增长了呢？身体长高主要是人的骨头长长了，青春期正是长身体最快的时候，你可能会发现每个月自

67

己都会长高一些，不过等过了这段时间，你的身体就会停止长高了。如果小朋友想长得更高一些，可以在青春期内适当地增加体育运动，会有不错的效果。

人的身体为什么会发电

科学家用尽各种办法来研究人体发电这个不可思议的现象。通过实验研究证明，是人的生理机能引起了人体的发电现象，叫做生物电。人体神经传递信号是通过电信号传输的，神经元感受到变化像触摸的时候，表面的电子或者离子发生变化，从而与其他地方产生电场使电信号传输，从而产生生物电。

另外，我们身上的衣服摩擦能产生静电，它是一种处于静止状态的电荷。在干燥和多风的秋天，在日常生活中，人们常常会碰到这种现象：晚上脱衣服睡觉时，黑暗中常听到噼啪的声响，而且伴有蓝光；见面握手时，手指刚一接触到对方，会突然感到指尖刺痛；早上起来梳头时，头发会经常"飘"起来，越理越乱。这些就是发生在人体的静电。

你肯定感兴趣

人体发电的现象对生活有何影响

在意大利罗马南方的一个村子里，住着一位名叫斯比诺的 16 岁的年轻人，他的叔父艾斯拉谟在 1983 年 8 月首先发现了斯比诺的奇异之处：每当斯比诺来到叔叔家时，他家里的电气产品就会发生故障，而且他身边的床还会无缘无故发生自燃，油漆罐也会着火爆炸。

英国的贾姬·普利斯曼夫人是另一个会发电的人。一旦她靠近电器，电器就会损坏，电视会自己转台、灯泡会爆炸……她已经毁坏了 24 台吸尘器、9 台除草机、12 台吹风机、19 个电饭锅、8 台电炉、5 只手表、3 台洗衣机。

什么是"人体辉光"

69

英国一名医生在 1911 年采用双花青燃料涂刷玻璃屏，首次发现了环绕在人体周围的宽约 15 毫米的发光边缘。其后不久，苏联科学家通过电频电场的照相术把环绕人体的明亮而有色的辉光拍摄了下来。20 世纪 80 年代后，日本、美国等相继使用先进高科技仪器对"人体辉光"进行研究，试图把"人体辉光"公之于众。人们把这种辉光称为"人体生物光"。

有没有和我一模一样的人

是不是常常会有人这样对你说："你长得和我一个同学很像啊！"可能小朋友自己也有过把两个不同的人错认成同一个人的经历。不错，这个世界上有很多人长得都很相像，但是也只是感觉很相像而已。"世界上没有两片完全相同的树叶"，那么会不会有两个人长得一模一样呢？这个问题看起来如此不可思议，因为人的相貌最终会受到环境的影响，即使是双胞胎，也不会出现两个人一模一样这种巧合。

70

依照正常的生殖方式，自然界中不可能出现一模一样的两个人。但是，科学家们已经发现了一种完全迥异于正常繁殖方式的生殖方式——克隆。这一生殖方式还处于动物试验研究阶段，是指通过体细胞进行的无性繁殖，产生与原个体具有完全相同的基因后代的过程。

你肯定感兴趣

试管婴儿是怎么回事

第一个试管婴儿诞生于 1978 年，而今 30 多年过去了，试管婴儿技术在全世界得到较快发展，至今已经出生了十多万试管婴儿。试管婴儿并不是真的在试管中长大的婴儿，而是先从母亲的体内取出卵子，再从父亲身上取出精子，然后医生使精子和卵子在试管内结合成受精卵。受精卵在试管中培育了两天后，就会分裂成 8 个细胞，等到这时再把受精卵重新移植到母亲的子宫内。使胎儿在母亲的身体内正常发育。所以，试管婴儿只是使用试管代替了母亲的部分功能，培育了婴儿最初的生命。有意思的是，试管婴儿多为女婴，这可能是因为试管婴儿的培养环境适合女性婴儿的出现，也可能是因为女性胚胎比男性胚胎更易成活。

71

世界上第一只克隆羊

一只叫"多利"的绵羊是世界上第一只克隆羊。它是如何被"创造"出来的呢？

首先，威尔莫特等学者先给"苏格兰黑面羊"

注射促性腺素，促使它排卵，得到卵之后，立即用极细的吸管从卵细胞中取出细胞核。与此同时，从怀孕三个月的"芬兰多塞特白面羊"的乳腺细胞中取出细胞核，立即注入取走核的"苏格兰黑面羊"的卵细胞中。使这个"组装"细胞在试管里经历受精卵那样的分裂、发育而形成胚胎，然后，将胚胎巧妙地植入另一只母羊的子宫里。经过一段时间的孕育，就产出了克隆羊"多利"。

大脑是怎么记忆的

在小朋友看来，记忆应该是一种虚无缥缈的东西，我们根本就无法看见。可是最近研究表明，记忆其实是有形状的。那大脑是怎么记忆东西的呢？记忆又是什么样子的呢？

日本科学家河西春郎和松崎政纪使用新的方法进行测定后发现，记忆是可见的。人体的神经细胞酷似一棵大树，长着许多枝杈状的凸

起，凸起上还有无数个微小的刺，记忆的形态就被刻在这些细小的刺上。河西春郎和松崎政纪使用近红外线激光，让神经末梢局部地释放谷氨酸，并精确地测定了微小的刺对谷氨酸的感知灵敏度。他们发现，通过观察刺的形状等能够判断它对谷氨酸的感知灵敏度。在顶端，越是膨大的刺，对谷氨酸的感知就越灵敏；而细长、微弱的刺对谷氨酸几乎没有感应。

你肯定感兴趣

双胞胎之间不可思议的巧合

在美国，有一对出生在俄亥俄州的孪生兄弟。他们在出生之后就分别被别人收养了，离别39年后他们才得以团聚。这时，人们惊奇地发现，他们都叫詹姆斯，都喜爱木工和机械制图，都受过执法训练。并且，他们都娶过一个名字都叫琳达的妻子，各有一个儿子，并且两个儿子的名字都叫詹姆斯·阿伦。他俩又都离过婚，而离婚以后又都娶了个叫贝蒂的女人。

人类的大脑是地球上最大的吗

严格来说，人类的大脑确实不是地球上最大的，这个星球上最大的动物蓝鲸有着最重的大脑，它有一个6千克的大脑来支配它那相当于25只大象重量的庞大身躯。这样比较起来，我们

73

的大脑就显得很微不足道了。但人类大脑与自身体重的比值却要大于地球上的任何一种生物，这也许就是为什么蓝鲸没有像人类那样智慧的原因。

人为什么会做梦

梦究竟是怎样产生的？它究竟能不能预卜吉凶？它受不受人世间自然力量的安排呢？这些问题一直吸引着历代科学家去探讨。

1900 年，世界著名心理学家弗洛伊德从心理学的角度解释梦的原因。他认为，梦是一种愿望的满足。在多种多样的愿望中，他更为重视性的欲望。他认为性欲是人的一种本能，而本能是一种需要，梦就是满足这种需要的形式之一。

弗洛伊德还认为，梦是有意义的精神现象，是一种情形的精神活动的延续。借助梦可以洞察到人们心灵的秘密。梦是无意识活动的表现，人在睡眠时，意识活动减弱，对无意识的压抑也随之减弱，于是无意识乘机表现为梦境的种种活动。

你肯定感兴趣

为什么人会做同一个或相似的梦呢

许多心理学家和心理分析学家认为，这是在不断回放当你的大脑第一次经历过此场景的情景。每个人都会在某一时间段以某种形式做类似的梦。弗洛伊德和阿德勒对此类梦进行过探讨研究，他们都将这类梦看做相当普遍的梦境之一。

梦与灵感

每个人都有做梦的经历，在梦中，我们经常会遇到千奇百怪的事情。据说，化学元素周期表就是门捷列夫做梦时的灵感而创作出的。

75

1857 年，门捷列夫成为俄罗斯著名的彼得堡大学的化学教授。因为当时元素之间毫无联系，门捷列夫在授课的过程中遇到了很大的困难。于是他决定先找到元素之间的关系再继续写书，但令人失望的是，他努力很久都没有什么进展。有一次，累极的他趴倒在桌子上睡着了，一张元素周期表突然清晰地出现在自己的面前，各种元素犹如一个个训练有素的士兵，各自站在自己的位置上。门捷列夫醒后又仔细研究已知元素的特性，进行不断验证和完善，终于成功地发现各元素之间关系。

心脏有记忆的功能吗

小朋友都知道大脑是记忆的器官。然而，美国科学家通过研究发现，人类的心脏也许也有某种"记忆功能"。因为，一些患者在接收心脏移植手术后与过去判若两人，反而与心脏捐赠者的性情十分相似。

据报道，有一位货车司机，他以前并不是一个多愁善感的人，从未给妻子写过情书，他的文笔也确实很差。而当他心脏移植手术后，却开始给妻子写情诗了，文笔还相当不错。他确信自己写诗的天赋来自那颗移植的心脏，因为捐赠者全家都爱写诗。

心脏的记忆功能有什么用

2006年，澳大利亚一位17岁男孩在车祸中丧生，他的父母将其身体器官捐赠了出去。两年后，他们找到了儿子心脏的接受者，惊奇地发现接受者"继承"了儿子爱吃汉堡的嗜好。事实上，接受者在心脏移植前对汉堡一点儿都不感兴趣。

一名8岁的小女孩接受了一名遇害身亡的小女孩的心脏。从此以后，这个小女孩经常做同一个噩梦，梦见一位男子杀害她的捐赠人。

警方根据她所叙述的线索最终将凶手捉拿归案。

心脏为什么能一直不停地跳动

心脏有一块特有的肌肉——心肌，它可以不辞劳苦地一直工作。心肌纤维束彼此连接在一起，以心肌细胞为单位组成连续的网状结构，因而心肌细胞能够同步工作，所以心肌也被称为细胞融合肌或者合胞体。这样的结构能使内部的电信号保持协调，所以心肌是以一个整体运作的，无论收缩还是舒张都是一起进行的。

78

人的寿命有多长

根据吉尼斯世界纪录大全记录，最长寿者是中国气功养生家李庆远，他生于 1679 年，死于 1935 年，享年 256 岁。不过，也有人对此消息持怀疑态度。那么一般人的平均寿命是多少呢？人的寿命又是由什么来决定的呢？

目前科学上测算人类的寿命主要有三种测算方法。

第一种是细胞衰退学说。这个学说认为，人体细胞到 30 岁达到完全成熟，此后开始走下坡路，所有器官逐渐衰退，每一年下降 1%，100 年的时间正好完全衰退。细胞衰退的时间 100 年，再加上之前的 30 年，人类寿命最长为 130 岁。

第二种是细胞更换学说。这个学说认为，对所有动物来说，用细

胞分裂次数乘以分裂周期得出的就是自然寿限。人一生中细胞一共要分裂 50 次，每次分裂周期平均为 2.4 年，因此寿命应为 120 岁左右。

第三种是性成熟周期学说。这个学说认为，人类在 14 岁左右达到性成熟，性成熟期的 8～10 倍即为人的寿命极限，即人类寿命为 112～140 岁。

上述三种研究成果已证明，人类自然寿命至少可以活到 100 岁。

79

你肯定感兴趣

为什么牙掉了会长出来

人的一生要长两次牙，分别叫"乳牙"和"恒牙"，两岁左右长出的牙叫乳牙。随着年龄的增长，小孩子的颌骨逐渐发育长大。一般从 6 岁后，开始换牙。乳牙逐渐脱落，恒牙相继长出。正常情况下，每颗乳牙脱落到恒牙长出约需半年时间。长到 12 岁左右，乳牙就完全被恒牙替换掉了，恒牙共有 28～32 颗。

刷牙和寿命的关系

我们吃的食物残渣总会留在牙齿缝里，时间长了，这些残渣会产生一种酸东西，这种酸东西会破坏牙齿表面最坚硬的一层，细菌会乘虚而入。而且长时间不清洁牙齿，嘴里会有一种难闻的气味，和别人说话时会让你不好意思开口。

每天两次刷牙，可以阻止有毒物质和某些特定微生物进入血液，让心脏更健康。这样也会起到保护身体其他器官的作用，让自身的寿命大大延长。

80

为什么我们的手指不一样长

人在胎儿时期，手指最初形成时都是一样长的。每个手指都由已做好生长计划的软骨细胞构成。那么为什么手指长着长着，长度就不一样了呢？这是因为每一根手指都有一个特殊的"遗传码"。

每根手指在生长时，都会接收到一个不同的信号，从而使得手指的长短不一。拇指是受信号传输分子影响最小的手指，所以长得就比较短。虽然我们的手指长度不一样，但是当我们把手紧紧地握起来时，会发现除拇指外其余指尖都达到了同一个位置，不信你可以试试看。

你肯定感兴趣

81

指甲一个月能长多长

指甲以每个星期0.5毫米的速度生长。因为每个月有4个多星期，所以指甲每个月将长2.16毫米。夏天它们会长得稍微快些，而冬天的时候会稍微慢些，脚趾甲生长的速度比手指甲慢。

不同手指的指甲生长速度也各不相同，中指和无名指的指甲生长速度就要比大拇指和小拇指要快。有研究者发现，右手的指甲长得要比左手的快，经常做手部按摩，也会加快手指甲的生长。

手指的故事

　　一天，五个手指头聚在一起讨论谁的本领大。大拇指首先站出来说："这个问题很简单，当然是我的本领最大，要不怎么我排第一呢？"食指急忙说："我最了不起，人们不论干什么，都是用我来指指点点的，哪儿有你们什么事？"中指、无名指、小指也都拿出自己的看家本领，彼此争论。争吵声被角落里的花皮球听见了，花皮球给他们提了个建议：看谁能拿动它，谁就最有功劳。五个手指头都觉得这个建议可行，于是他们各个跃跃欲试，可他们谁都没能拿起来。花皮球又提了一个建议：你们五个手指头一起来拿会怎么样。五个手指头齐上阵，果然轻轻一拿就拿起来了。五个手指头你看我，我看你，都笑了。他们终于明白了"团结就是力量"。

82

第五章　动物伙伴小百科

　　小朋友，你们喜欢小动物吗？自己家里有没有养过小宠物呢？

　　天上飞的小鸟与老鹰，

　　地上跑的老虎与大象，

　　水里游的青蛙与鲨鱼

　　......

　　大大小小，形色各异，现在开始，让我们一起来看看这些可爱的小伙伴吧！

鸟为什么会飞行

当我们走出家门，或者在荧幕上，经常会看到在空中自由飞翔的鸟儿。鸟为什么可以在天上自由自在地飞呢？下面我们来看看，鸟可以在天空中飞翔的缘由吧。

鸟可以飞的原因主要有三个。

（1）鸟类的身体外面是轻而温暖的羽毛，使鸟类外形呈流线型，在空气中运动时受到的阻力最小，两只翅膀不断上下扇动，鼓动气流，就会产生巨大的下压抵抗力，使鸟体快速向前飞行。

（2）鸟类的骨骼坚薄而轻，骨头是空心的，里面充有空气，减轻了重量，加强了支持飞翔的能力。

（3）鸟的胸部肌肉非常发达，还有一套独特的呼吸系统，鸟类特

有的"双重呼吸"保证了鸟在飞行时的氧气充足。

另外，在鸟类身体中，骨骼长，骨中空，消化速度快，消化排泄周期时间短，还有生殖等器官机能的构造都趋向于减轻体重、增强飞翔能力，使鸟能克服地球吸引力而展翅高飞。

世界鸟类之最

飞行速度最快的鸟：尖尾雨燕平时飞行的速度平均为 170km/h，最快时可达 360km/h，堪称飞得最快的鸟。

一次飞行时间最长的鸟：北美金鸻，可以 90km/h 的速度飞 35 个小时，能飞越 2000 千米的海面。

飞行最高的鸟类：大天鹅和高山兀鹫都能飞越世界最高峰——珠穆朗玛峰，飞行高度达 9000 米以上，高山兀鹫更是达到了 10000 米以上的高度，创造了鸟类的最高飞行纪录。

鸟对人类的贡献

　　鸟给人类带来许多启示，人们看到天空中的飞鸟，想到了一种能把我们带到天空中飞的机器：飞机。猫头鹰灵巧无声的飞行，改造了飞机的性能。飞翔中的蜻蜓，给人类创造直升飞机带来了灵感。天鹅在水面上优雅地掠飞，使水上飞机问世。那些肯思考的人，通过观察天空中飞行的鸟类，获得了灵感，创造出来的机械，让我们受益无穷。

鹦鹉为什么会学舌

86

　　小朋友，你见过会说话的鸟吗？在自然界中，鹦鹉是人们最常见也最熟悉的一种能够学人说话的鸟。不过，鹦鹉并不是天生就会学人说话，而是要经过训练。对于把鹦鹉当宠物饲养的人来说，鹦鹉第一次开口说话往往会让主人兴奋不已。

当我们看到鹦鹉说话时，都会忍不住想一想，鹦鹉知道自己在说什么吗？它仅仅是在模仿声音呢，还是比我们大多数人想象的更智慧？

有位科学家发现，鹦鹉学舌不仅仅是模仿那么简单，鹦鹉与许多其他动物不同，它们的声带很适合模仿人类的语言。研究还发现，成群的小鹦鹉会学着成年鹦鹉的样子进行交流。

你肯定感兴趣

鹦鹉的生命周期

鹦鹉的品种不同，寿命也不同。一般小型鹦鹉寿命为 7～20 年，中大型鹦鹉平均寿命为 30～60 年，一些中型鹦鹉甚至可以活到 80 岁，如葵花凤头鹦鹉、亚马逊鹦鹉、灰鹦鹉等。世界上最长寿的鸟就是一只鹦鹉，它是一只亚马逊鹦鹉，名叫詹米，生于 1870 年 12 月 3 日，死于 1975 年 11 月 5 日，享年 105 岁，是鸟类中的老寿星。

"聪明" 的灰鹦鹉

非洲灰鹦鹉是鹦鹉中学舌的能手。在英国曾经举行过一次别开生面的鹦鹉学舌比赛，其中有一只不起眼的非洲灰鹦鹉得了冠军。当时揭开装有这只鹦鹉的鸟笼罩时，灰鹦鹉瞧了瞧四周道："哇噻！这儿为什么会有这么

87

多的鹦鹉！"刹时全场轰动。几天后，兴奋的主人请了许多贵宾到家中庆贺，鸟笼罩一打开，鹦鹉的声音冒了出来："哇噻！这儿为什么会有这么多的鹦鹉！"全场哗然。一心想自己聪明的鹦鹉会说"哇噻！这儿为什么会有这么多的贵客！"而博得大家喝彩的主人十分狼狈。

鱼是怎么睡觉的

　　鱼总是在水里游来游去，似乎从未看到过它们睡觉的样子，难道鱼不需要睡觉吗？其实鱼也是要睡觉的，可是因为鱼没有眼睑，所以鱼即使是睡觉，也不能够闭上眼睛，所以我们很难看出鱼是不是在睡觉。

　　那么鱼是怎么睡觉的呢？鱼在睡觉时会停止游动，静止在一个地方，但停止游动时间的长短则因鱼的种类不同而各不相同。不同种类的鱼睡眠时所在的水层也是不相同的，有的在底层，有的在中层，也有的喜欢躲在水草下面睡。

鱼类睡觉时，你可以看到它缓慢有节奏地扇动着鳃盖、背鳍、臀鳍，而尾鳍直立，胸鳍和腹鳍平展，使身体保持平衡。鱼类睡觉的时间不长，而且很警觉，就好像人们打个盹儿似的。

你肯定感兴趣

会发声的鱼

康吉鲤会发出"吠"音；电鲶（nián）的叫声犹如猫怒；箱鲀（tún）能发出犬叫声；鲂鮄的叫声有时像猪叫，有时像呻吟，有时像鼾声；海马会发出打鼓似的单调音。石首鱼类以善叫而闻名，其声音像碾轧声、打鼓声、蜂雀的飞翔声、猫叫声和呼哨声，其叫声在生殖期间特别常见，目的是为了集群。

会发光的鱼

有些鱼类可以发光，我国东南沿海的带鱼和龙头鱼是由身上附着的发光细菌所发出的光，而更多的鱼类发光则是由鱼本身的发光器官

89

所发出的光。烛光鱼的腹部和腹侧有多行发光器，犹如一排排的蜡烛，故名烛光鱼。深海的光头鱼头部背面扁平，被一对很大的发光器所覆盖，该大型发光器可能就起眼睛的作用。

蝌蚪的尾巴为什么会自动脱落

在《小蝌蚪找妈妈》这个童话故事里，那群身体扁圆、屁股后面拖着一条长尾巴的小蝌蚪渐渐长大，后肢与前肢都慢慢长了出来，尾巴也悄悄地自动脱落，终于变成了青蛙的样子。科学家们一直在思考：蝌蚪的尾巴为什么会自动脱落。

科学家们经过研究发现，在生长过程中，细胞自身可能已经被编制好了一道"程序"。在这个"程序"的控制下，哪些细胞应该自动死亡都已经被精密地计算过了。蝌蚪尾巴的细胞便在规定的时间自动死亡。

大自然中还有一些类似的例子，例如在冬天到来之前，大树之所以会自动落叶是因为在发育的某个阶段，枝芽中间的某些细胞自动死亡了。

你肯定感兴趣

什么是"两栖动物"

91

两栖动物最早出现于3亿～6亿年前，由鱼类进化而来。长期的物种进化使两栖动物既能活跃在陆地上，又能游动于水中。两栖动物幼体生活在水中，用鳃呼吸，经变态发育，成体用肺呼吸，皮肤辅助呼吸，水陆两栖。例如青蛙和蟾蜍都是两栖动物。

变色龙为什么可以变色

小朋友，你见过变色龙吗？变色龙是一种非常奇特的爬行动物，它有适于树栖生活的种种特征和行为。变色龙的变色现象与其他生物的保护色、警戒色相似。变色龙的皮肤会随着背景、温度和心情的变化而改变。那么，变色龙的皮肤为什么可以改变颜色呢？

变色龙的这种生理变化，是在植物性神经系统的调控下，通过皮肤里的色素细胞的扩展或收缩来完成的。目的是为了保护自己，免遭袭击，使自己生存下来。

动物也会报警

有些群体生活的生物，当同种生物的某一个体遇到危险时，会通过释放激素的行为来报警，"通知"群体中其他个体，起到尽量保护种群的作用。报警的主要形式举例如下。

（1）分泌某种化学物质。如受伤的鱼能产生一种物质，警告其他个体，尽快逃避或隐蔽。

（2）特殊行为以示警告。如鹿闪动白尾巴报警，警卫鸟展开尾羽或飞羽报警。

（3）通过叫声把同群其他个体聚集起来对付捕食者。如乌鸦看到猫头鹰或猫，就会发出特殊的鸣叫。

（4）有些生物能通过几种途径向同类发出警报。例如蚂蚁能向同伴发出预警的信号。

斑马身上为什么有条纹

斑马的外表在动物家族中很具有神秘色彩。当遇到猎食者时，斑马的外表相对于其他动物来说，就比较有迷惑性了。斑马身上的条纹黑白相间，打断了身形的轮廓线，当斑马奔跑起来之后，快速移动的图案更加具有欺骗性。如果狮子看不清眼前的东西是什么，那么它就不会认为这是可以成为自己晚餐的东西。

穿山甲真的可以穿山吗

看过《葫芦娃》的小朋友一定还记得里面的那只穿山甲吧，正是因为它不小心打穿了关着蝎子精和蛇精的葫芦山，才让两个妖精逃了出来，才有了后面的故事。那么穿山甲到底是一种什么样的动物呢？它真的有本事"穿山"吗？

穿山甲是在我国长江以南的山丘地区活动着的一种食蚁兽，是一

种昼伏夜出的穴居动物。穿山甲打洞的本领很大，它先用前肢锐爪挖土，再利用身上鳞甲的活动把挖出的土推送出去。鳞甲是覆瓦状排列的，在洞穴内堆满挖松的土而需要搬出时，它就竖起全身鳞片，让土落入鳞片间的空隙中，然后身体向后退，把鳞片间的泥土推出去。如此周而复始，宛如一台凿洞穿山的机器，"穿山甲"的名字也就由此而来。

穿山甲的生活习性

穿山甲的食量很大，一只成年穿山甲的胃最多可以容纳 500 克白蚁。据科学家观察，在 250 亩林地中，只要有一只成年穿山甲，白蚁就不会对森林造成危害。可见穿山甲在保护森林、堤坝，维护生态平衡，促进人类健康等方面都有很大的作用。

李时珍和穿山甲的故事

穿山甲是一种食蚁动物，古书中记载它"能陆能水，日中出岸，张开鳞甲如死状，诱蚁入甲，即闭而入水，开甲蚁皆浮出，围接而食之"。穿山甲的生活习性果真是这样吗？

95

为了弄清这个问题，李时珍跟随猎人进入深山老林，进行穿山甲解剖，发现该动物的胃里确实装满了未消化的蚂蚁，证明了书中的记载是正确的。但李时珍发现穿山甲不是由鳞片诱蚁的，而是"常吐舌诱蚁食之"。他修订了书上关于这一点的错误记载。同时他又在民间收集了穿山甲的药用价值，记载了一段"穿山甲、王不留，妇人食了乳长流"的顺口溜。

刺猬 遇到危险时会怎么办

　　小朋友，你喜欢刺猬吗？知道它为什么浑身长满尖刺吗？

　　刺猬的背部和两侧都长满了尖尖的硬刺，有非常长的鼻子，它的触觉与嗅觉很发达。它最喜爱的食物是蚂蚁与白蚁，当它嗅到地下的食物时，它会用爪挖出洞口，然后将它长而黏的舌头伸进洞内一转，就会获得丰盛的食物。因为刺猬捕食大量有害昆虫，所以刺猬对人类来说是益兽。在野生环境下自由生存的刺猬会为公园、花园、小院清除虫蛹、老鼠和蛇，是不用付薪水的园丁。当然，有时难免也会偷吃一两个果子，这只是说明它饿极了。

96

当刺猬遇到敌人时，为了保护自己，它会将身体紧紧地蜷成一团，背上尖尖的长刺就会起到保护自己的作用，让敌人无处下口。

你肯定感兴趣

刺猬需要冬眠吗

当天气转凉的时候，刺猬为了驱逐严寒靠多吃东西来保持体温。在气温降到7℃时，刺猬才进入冬眠状态。刺猬冬眠长达四五个月的

97

时间，进入冬眠后，它的体温下降，身体消耗降低。举例来说，一只清醒的刺猬每分钟呼吸约五十次，在冬眠的时候至多呼吸八次，有时只呼吸一次，甚至一连几分钟都不呼吸。一只清醒的刺猬每分钟心跳二百次，冬眠的时候减少到二十次。

大熊猫只吃竹子吗

大熊猫的食谱非常特殊，几乎包括了在高山地区可以找得到的各种竹子，大熊猫也偶尔食肉，通常是动物的尸体，有时也吃竹鼠。大熊猫独特的食物特性使它被当地人称作"竹熊"。大熊猫每天进食的时间长达 14 个小时。一只大熊猫每天进食达 12～38 千克，接近它本身体重的 40%。大熊猫喜欢吃竹子最有营养、含纤维素最少的部分，

即嫩茎、嫩芽和竹笋。

大熊猫栖息地通常有至少两种竹子。当一种竹子开花死亡时（竹子每30年～120年会周期性地开花死亡），大熊猫可以转而取食其他的竹子。但是，如今熊猫栖息地由于持续的人为破坏增加了栖息地内只有一种竹子的可能性，当这种竹子死亡时，这一地区的大熊猫便面临饥饿的威胁。比如，1975年岷山地区的箭竹开花，大熊猫因食物匮乏死亡达138只以上。

大熊猫的生长繁殖

99

大熊猫交配的季节在春季三至五月份，通常不超过2～4天。怀孕期大约为5个月。野外偶尔会有孪生的情况出现，但是雌性熊猫一般只喂养一只幼崽。大熊猫的幼崽出生时非常小，通常只有90～130克，大概只有母熊猫重量的千分之一。在大熊猫幼崽出生几天到一个月之后，母熊猫会把幼崽独自留在洞中或树洞里，自己外出觅食，不过这并不意味着它丢弃幼崽，而是养育幼崽过程中很自然的一部分。幼崽在12个月左右开始吃竹子，但是在此之前，它们完全依赖于母亲的喂养。

大熊猫趣闻

近几年，科学家的野外隐藏摄像机发现，雄性野生大熊猫在树上留下气息记号时，会抬起一条后腿，像公狗一样，然后把尿往树的高处撒去。尿撒得越高，雄性大熊猫的社会地位也就越高。

100

蝙蝠的超声波有多厉害

蝙蝠是一种夜行动物，可蝙蝠为什么在黑暗中飞行却不会撞到任何障碍物呢？原来，蝙蝠有一种在黑暗中认路的方法，它们靠听力辨别周围的环境。夜幕降临时，蝙蝠就开始拍打着翅膀出门寻找食物了。它们发出一种高分贝的超声波，人的耳朵是听不见这种声音的，超声波遇到物体就会反射回蝙蝠的耳朵里，蝙蝠便能分辨出这是什么样的物体，然后选择是吃掉它还是绕开它。蝙蝠能在 1 秒钟内捕捉和分辨 250 组回音。不过这并不意味着蝙蝠就是瞎子，相反，蝙蝠的视力很好，并没有退化。

蝙蝠种类繁多，全世界约有 900 种。一只 20 克重的食虫性蝙蝠一

年能吃掉 1.8 ~ 3.6 千克昆虫。蝙蝠的飞行速度很快,有些蝙蝠的飞行
速度可达每小时 50 千米以上。

101

有吃鱼的蝙蝠吗

北京市房山区霞云岭乡蝙蝠洞生活着 3000 只大足鼠耳蝠,这是我
国特有的蝙蝠种类,也是亚洲目前被证实会捕鱼的唯一一种蝙蝠。蝙
蝠身上的毛发没有丝毫的防水能力,一旦扎入水中,它们将会丢掉性
命。那么,这种蝙蝠是如何捕鱼的呢?食鱼之谜就在于这只小小的蝙
蝠居然长着一双巨大的爪子,比其他蝙蝠足足大出了一倍,弯曲如钩、

锋利无比。这双巨大的爪子使得大足鼠耳蝠捉鱼"手到擒来"。

蝙蝠与仿生学

仿生学是指模仿生物建造技术装置的科学。科学家们仿照蝙蝠通过超声波定位的功能，开发出了雷达。雷达设备的发射机通过天线把电磁波能量射向空间某一方向，处在此方向上的物体反射碰到的电磁波，雷达天线接收此反射波，送至接收设备进行处理，提取有关该物体的某些信息。

102

第六章　植物王国小百科

　　自然界到处都有神奇的东西，不仅有能自由移动的动物，还有坚守"岗位"的植物。小朋友，你的家里有没有栽种一些植物呢？

　　其实，每一株植物都与众不同。现在开始，让我们一起来看看千奇百怪的植物世界吧！

植物会睡觉吗

小朋友，你见过植物睡觉的样子吗？很多植物有一个日常循环过程或节奏。雏菊在白天开花而在晚上合上花瓣，植物学家把这种现象称为植物的"睡眠行为"。那么，为什么这些植物的花在晚上会自动闭合起来呢？

科学家们研究发现，原来在这些植物的体内有一种光敏色素，并有两种存在形式：一种形式对植物在白天吸收的红外光敏感，而另一种则对夜晚的远红外光敏感。所以，一些植物的花会在晚上闭合起来。花生、大豆、合欢和含羞草等植物的叶子，能感受到随昼夜周期形成的光的变化，随之产生"睡眠运动"，白天迎着朝阳舒展开来，沐浴阳光，一到夜晚就成对地合拢起来，防止水分的散失。

 104

你肯定感兴趣

虫子会变成草吗

虫子是一种动物，草是一种植物，虫子能变成草吗？这看起来是不可能的事情，但是冬虫夏草又是怎么一回事呢？

原来，冬虫夏草并不是一种植物，也不是一种动物，而是蝙蝠蛾幼虫感染真菌后的一种虫菌共生的生物体。被病菌感染的幼虫尸体留在地下，地表上却长成了像草一样的真菌。也就是说，冬虫夏草是由幼虫的尸体和地表上的真菌共同组成的。冬虫夏草是我国的一种名贵中药材，它的医用价值非常高，与人参、鹿茸一起列为中国三大补药。

105

神奇的含羞草

含羞草是一种能预兆天气晴雨变化的奇妙植物。如果用手触摸一下，它的叶子会很快闭合起来，而张开时很缓慢，这说明天气会转晴；

如果触摸含羞草时，其叶子收缩得慢，下垂迟缓，甚至稍一闭合又重新张开，这说明天气将由晴转阴或者快要下雨了。

含羞草不仅可以预测天气，还可以预测地震呢。科学家研究发现，在地震多发的日本，正常情况下，含羞草的叶子白天张开，夜晚闭合。如果含羞草叶片出现白天闭合、夜晚张开的反常现象，便是发生地震的先兆。如1938年1月11日，本来张开叶子的含羞草突然将叶子全部闭合，果然在13日发生了强烈地震。

植物会不会"流汗"

在炎热的夏天，我们走到室外，身体不一会儿就会流汗。不过，植物也会"流汗"吗？

植物"流汗"的现象又叫"吐水现象"。在没有风的夜晚，气温比较高、湿度大，空气中的水蒸气接近饱和，植物叶片里的水分没有办法及时散发出去，可是植物的根却还在不停地大量吸收水分，过多的水分就从叶尖或叶子边缘的水孔排出，形成水珠。因此，我们会在夏天的早晨发现植物也"流汗"了。

植物也会流血吗

我们都知道，人类和动物的体内都有血液在流动，那么植物会不会也有血呢？植物的血有没有血型之分呢？

法国科学家克洛德·波严德发现，在玉米、烟草等植物体中含有类似人体血红蛋白的基因，这表明植物也有造血功能。在威尔士有一株树龄 700 多年的云杉，树干上有一条 2 米多长的裂缝，里面常年流出一种像血液一样的液体，引起科学家的注意。日本法医山本茂研究了 500 多种植物的种子和果实后发现，植物也有血型，在植物的血型中，O 型是最基本的类型，B 型和 AB 型是从 O 型发展而来的。

植物和人一样有脉搏吗

近年，一些植物学家在研究植物树干增粗速度时发现，植物树干有类似人类"脉搏"一张一缩跳动的奇异现象。在清晨，植物的树干开始收缩，而到了夜间，树干停止收缩并开始膨胀，一直延续到第二天的清晨，这就是我们所说的"脉搏"。每一次膨胀总略大于收缩，于是，树干就这样逐渐增粗长大了。这究竟是怎么回事？

原来，这是植物体内水分运动引起的。经过精确的测量，科学家发现，当植物根部吸收水分与叶面蒸腾的水分一样多时，树干基本上不会发生粗细变化。但如果吸收的水分超过蒸腾水分时，树干就要增粗，相反，在缺水时树干就会收缩。

108

香蕉里面为什么没有籽

香蕉几乎是每个小朋友都喜欢吃的水果，可是小朋友有没有发现香蕉是没有籽的呢。

其实，世界上最早的香蕉不仅有籽，而且又多又大，果肉反而很少。香蕉虽然在我国一般当水果吃，但在中南美洲和非洲等国家香蕉的吃法多种多样，甚至是他们的粮食和蔬菜。所以当地的人们十分注意对香蕉品种的培植。在长期的人工培育中，那些果肉少、籽多的香蕉逐渐被淘汰，留下了籽少、果肉多的。再经过进一步的改良和培育，

便成了现在的香蕉：果肉变多，籽退化，越发甘甜清香。不过，吃香蕉时，如果小朋友注意观察一下，就会发现有一排排褐色的小点，这就是那些退化的籽。

"无心插柳柳成荫" 是什么意思

人们常说"有心栽花花不开，无心插柳柳成荫"，意思是用心地栽花，但花却总是不开；而折下来的一只柳条随意插在地里，从来没有照料它，几年过去，却长成了郁郁葱葱的柳树。比喻想做一件事情，花了很大的精力，做了很多努力，但是结果并没能如愿；而不经意去做的事情，反而很顺利，得到好结果。

"无心插柳柳成荫"从植物学的角度来说，柳树是以无性繁殖为主，它无与伦比的适应性使之成为我国自古至今国土绿化最普遍的树种之一。

什么叫"无性繁殖"

繁殖方法可分为两大类：有性繁殖和无性繁殖。那什么是无性繁殖呢？

无性繁殖指的是不经过雄雌双体的受精，而单从一个个体、亲体产生后代个体的生殖方式。植物的无性繁殖包括分球、分根、压条、嫁接、扦插和组织培养等。某些植物，如香蕉、菠萝、甘蔗并不结籽，园艺家们便采用无性繁殖的方法来培育它们。

向日葵为什么会向阳

　　小朋友喜欢吃瓜子吗？你知道瓜子是怎么来的吗？

　　我们平时常吃的瓜子是一种植物的种子，这种植物就是向日葵，又叫太阳花。向日葵的茎可以长达 3 米，花盘直径可达到 30 厘米，因为它的花盘会随着太阳的方向转动而得名向日葵。看到这里，小朋友是不是不禁会问，向日葵为什么会向阳呢？向日葵的花盘是一直朝向太阳的吗？

111

　　原来，在阳光的照射下，向日葵背光一面生长素的含量升高，刺激背光面细胞拉长，从而慢慢地向太阳转动。在太阳落山后，生长素重新分布，又使向日葵慢慢

地转回起始位置。但是，随着花盘的生长，它重量越来越大，临近成熟后生长素的含量也越来越少，所以花盘一旦盛开，就不再向日转动，

而是固定朝向东方。

你肯定感兴趣

关于向日葵的传说

克丽泰是一位水泽仙女。一天，她在树林里遇见了正在狩猎的太阳神阿波罗，她深深为这位俊美的神所着迷，疯狂地爱上了他。

可是，阿波罗连正眼也不瞧她一下就走了。

112

克丽泰热切地盼望有一天阿波罗能对她说说话，但她却再也没有遇见过他。于是她只能每天注视着天空，看着阿波罗驾着金碧辉煌的日车划过天空。她目不转睛地注视着阿波罗的行程，直到他下山。每天每天，她就这样呆坐着，头发散乱，面容憔悴。一到日出，她便望向太阳。

后来，众神怜悯她，把她变成一大朵金黄色的向日葵。

她的脸儿变成了花盘，永远向着太阳，每日追随他，向他诉说她永远不变的恋情。

花语

向日葵的花语是信念、光辉、高傲、忠诚、爱慕和沉默的爱。那什么是花语呢？花语是指人们用花来表达人的某种感情与愿望的信息交流形式。

菊花：清净、高洁、我爱你、真情

紫罗兰：请相信我、永恒的美、无尽的爱

梅花：坚强、傲骨、高雅

荷花：清白、纯洁、忠贞、自由脱俗

玫瑰：爱情、爱与美

君子兰：高贵、宝贵、有君子之风

蝴蝶兰：高雅、博学

昙花为什么会在夜间开放

113

有句成语叫做"昙花一现"，比喻美好的事物出现的时间很短。可是，为什么会用昙花作比喻呢？这是因为昙花很美，但开放的时间较短，并且多在夜间开放，不容易见到。

不过，昙花为什么要在晚上开放呢？昙花原来是生长在美洲墨西哥至巴西的热带沙漠中，那里的气候又干又热，但到晚上就凉快多了。晚上开花，可以避开强烈的阳光暴晒，缩短开花时间，又可以大大减少水分的损失，有利于它的生存，使它生命得到延续。于是天长日久，昙花在夜间短时间开花的特性就逐渐形成，代代相传至今了。

你肯定感兴趣

铁树为什么不常开花

铁树又叫苏铁，分为雌株和雄株，雄铁树的花是圆柱形的，雌铁树的花是半球状的，很容易辨认。铁树最初生长在热带，喜爱热带生活，十年以上的铁树可以年年开花。但移植到我国南方以后，由于气候不适宜铁树的生长，铁树就很少开花了，故有"千年铁树开花"的说法。

在我国的四川省攀枝花市，有一大片天然的铁树林，至少在20万株以上。那里的铁树一旦长成，雄铁树每年都开花，雌铁树一两年也

要开一次。当地举办了一年一度的"苏铁观赏节"，到这里旅游的中外人士对此赞不绝口。

无花果开花吗

无花果实际上是有花的，只是花朵没有桃花、杏花那样漂亮。它的花朵隐藏在肥大的囊状花托里，果实实际上是个花序，花托肉质肥

大，中间强烈凹陷，仅在上部开一小口，在凹陷的周缘生有许多小花，植物学上把这种花序称为隐头花序。我们平常吃的无花果并不是果实，而是膨大为肉球的花托。由于种子小而软，生食时常感觉不出来。

为什么颜色鲜艳的蘑菇不能吃

在饭桌上，你爱吃妈妈做的蘑菇吗？蘑菇作为蔬菜不仅味道鲜美，还营养丰富。可是，为什么说彩色的蘑菇不能吃呢？

115

蘑菇的样子很像插在地里的一把伞，成熟蘑菇的形状、大小、高低、颜色、质地等差别很大。蘑菇颜色十分复杂，虽然可以基本上辨别

出白、黄、褐、灰、红、绿、紫等颜色，但是各类颜色中又有深、浅、淡、浓的差异，更常见的是混合色泽。彩色的蘑菇大多数是有毒的，看上去虽然颜色鲜艳，十分漂亮，但为了安全起见，你最好还是仔细分辨一下，以免造成中毒。

你肯定感兴趣

蘑菇生长为什么不需要阳光

蘑菇是菌类植物，它没有根、茎、叶，不含叶绿素，不需要自己进行光合作用制造"食物"。蘑菇依靠菌丝分解、吸收土壤中的有机物或矿物质，从而获取营养。所以，蘑菇的生长不需要阳光。

鉴别蘑菇有8招

116

1. 观察生长地带。无毒蘑菇多生长在清洁的草地或松树、栎树上，有毒蘑菇往往生长在阴暗、潮湿的肮脏地带。

2. 观察看颜色。有毒蘑菇表面颜色鲜艳，常见的有红、绿、墨黑、青紫等颜色，紫色蘑菇往往有剧毒，采摘后容易变色。

3. 观察形状。无毒蘑菇的伞面平滑，表面上无轮，下部无菌托。有毒蘑菇的菌盖中央呈怪异的凸状，菌面厚实板硬，菌杆上有菌轮，菌托杆细长或粗长，容易折断。

4. 细看分泌物。将新鲜野蘑菇撕断菌株，无毒的分泌物清亮如水（个别为白色），菌面撕断不变色；有毒的分泌物稠浓，呈赤褐色，撕断后在空气中易变色。

5. 闻辨气味。无毒蘑菇有特殊香味，有毒蘑菇有怪味，如辛辣、酸涩、恶腥等味。

6. 测试。在采摘野蘑菇时，可用葱在蘑菇盖上擦一下，如果葱变成青褐色则证明有毒，反之不变色则无毒。

7. 煮试。在煮野生蘑菇时，放几根灯芯草、些许大蒜或大米同煮。蘑菇煮熟，灯芯草变成青绿色或紫绿色则有毒，变黄者则无毒；大蒜或大米变色有毒，没变色仍保持本色则无毒。

8. 化学鉴别。取蘑菇汁液，用纸浸湿后，立即在上面加一滴稀盐酸或白醋，如果纸变成红色或蓝色则表明有毒。

特别提醒：毒蘑菇识别难度很大，以上经验很多情况下并不完全可靠，没有专业人士在场时，如果凭经验不能百分之百确定某种野生蘑菇可以食用，绝对不要吃！

仙人掌会"走路"吗

我们都知道，植物是生长在泥土中的，可是有一种仙人掌被称为"步行高手"，这个称呼是怎么来的呢？

在戈壁、沙漠地区生长着一种"步行仙人掌"，这种仙人掌能够连根带茎一起四处走动，那

么它到底是如何行走的呢？植物学家研究发现，"步行仙人掌"的根由一些带刺的嫩枝组成，它不会扎进土壤很深。因为戈壁、沙漠经常刮风，它就可以在风的帮助下四处行走了，等风停后它便在新的地方"落脚"生长。

关于仙人掌的传说

在很久以前，仙人掌是世界上最柔软的植物。它娇嫩如水，晶莹如玉，稍微被碰到，就会失去生命。上帝不忍心，就给它了一层盔甲，坚硬如铁，还有厉害的钢刺。从此，凡是接近它的生物，必将碰得浑身伤痕、鲜血淋漓。所以几千年来，都没有人敢靠近仙人掌。后来，有一个勇士出现了，他不屑地说："看我来消灭这种怪物！"于是勇士拔出宝剑要把仙人掌劈成两半，原本以为这是一件很难的事情，可是没想到它却是那么不堪一击。勇士很惊讶地喊了出来："啊！没想到仙人掌的内在是那么柔软！大家不都说它有一颗坚硬丑陋的心吗？为什么只看到绿色的泪珠一滴滴地滑落……"最终，勇士明白了，原来那所谓的刺只是仙人掌用来保护自己脆弱心灵的外壳，它的心底是那么脆弱和容易受伤。于是仙人掌的花语便是：坚强。

仙人掌开花吗

仙人掌的花期以3月~5月最为集中，秋天开花的种类不是很多。除了真正的蓝色和黑色外，其他花色也都有。其中很多种类都能一次开大量的花，同时能开几十朵甚至更多，但是也有很多种类在栽培中开花不多，虽然每年都开，但只开一两朵。

大树为什么会自杀

119

自然界中的植物也会自杀吗？

在我国天山山脉中部有一种白藓树，一到冬末春初就会第一个破土、开花，而夏天到来时，正当硕果累累的时候，这种树就会自焚而亡。大树为什么会自焚？原来白藓树的叶片中有一种叫做"醚"的物质。由于夏季干旱炎热，气温较高，当气温超过燃点时，就会发生自燃现象，从而导致整棵树被焚烧。

生长在非洲赤道地区的一种"自焚树"，阳光照射 1 小时左右，这种大树就会连枝带叶化为一堆灰烬。

脑筋不会"急转弯"的牛

在法国东南部一个牧场里，曾经发生过一起牛群集体跳崖的奇事。当时牛群正在吃草，突然有 50 头牛发疯似的从 25 米高的陡峭悬崖往下跳，结果有 36 头当场死亡。其余十几头跌在同伴的尸体上，才免于一死。据在场牧人说，牛群在跳崖之前，没有反常现象。

无独有偶，我国也发生过牦牛集体跳崖的事件。1985 年 1 月 28 日，新疆维吾尔自治区和静县 89 头牦牛到山顶吃草，突然有一头牦牛从陡峭悬崖跌下去，紧接着一头又一头，所有牦牛全部跳崖，造成 82 头死亡，其余的 7 头四条腿全部骨折。牦牛集体跳崖自杀现象，该县在此之前已发生过 5 次，这次死亡头数为历史之冠。

动植物"自杀"未解之谜

据报道，一只印度大象因踩伤一个小孩而跳河自杀。在我国东北的大兴安岭林区，有一种老鼠看到自己偷来的粮食被人挖走，就会爬到树上，找一个三角形的树杈，把脖子伸进去，四肢下垂，"畏罪"自杀。

还有一种树更为奇特。在毛里求斯岛上有一种棕榈树，寿命长达100年。当末日来临之时，它会在一天之内散落全部的花朵和树叶，然后干枯而亡。由于这个原因，人们为其取名"自杀树"。这种百年老树为什么要"自杀"呢？人们百思不得其解。

猪笼草为什么能捕捉昆虫

121

当一只苍蝇靠近猪笼草，最终停靠在上面时，就会被猪笼草吞下去吃掉。为什么猪笼草会吃小昆虫呢？

猪笼草有一个独特的吸取营养的器官——捕虫笼，捕虫笼呈圆筒形，下半部稍膨大，笼口上有盖子。因为形状像猪笼，故称猪笼草。捕虫笼就是猪笼草捕捉昆虫的工具，瓶状体的瓶盖复面能分泌香味，引诱昆虫。瓶口光滑，昆虫滑落瓶内后被瓶底分泌的液体淹死，虫体营养物质被分解，逐渐被消化吸收。

在中国的产地海南，它又被称作雷公壶，意指它像酒壶。这类不从土壤等无机界直接摄取和制造维持生命所需营养物质，而依靠捕捉昆虫等小动物来谋生的植物被称为食虫植物。

猪笼草如何捕虫

猪笼草的捕虫习性大致分为四个步骤。

（1）引诱昆虫。捕虫笼的瓶盖复面会分泌香味，吸引昆虫来吸食。

（2）捕抓昆虫。待昆虫停落在瓶口时，会被黏滑的液体带入瓶底。

（3）分解和吸收。猪笼草所分泌的液体会把虫体分解，供本身消化吸收。

（4）养分供给。被消化吸收的养分输送到各部分，维持自身生长。

其他的食虫植物

自然界中除了猪笼草可以捕捉昆虫外，还生长着许多其他的食虫植物。据统计，全世界存在的食虫植物有 500 多种。比如捕蝇草、茅膏菜、瓶子草等。夏季正是苍蝇、蚊子猖狂的时间，如果你的房间里有一株这样的植物，那你就可以放心地大睡了。

第七章　科技玄妙小百科

随着科学技术的发展，我们的生活越来越丰富多彩，身边的新鲜事物也是越来越多。无论是功能越来越强大的手机，还是越来越精彩的电影……可以说，我们现在的生活已经离不开这些东西，那么这些东西是如何制造出来的呢？

现在开始，我们一起去看看那些科技发明吧！

机器人是怎么制造出来的

小朋友，你见过机器人吗？你所认为的机器人什么样子呢？

首先，你要知道什么是机器人。机器人是靠自身动力和控制能力来实现各种功能的一种机器。随着科学技术的发展，对于一些枯燥和危险的工作，人们越来越希望有人来替代他们完成。这时，就需要机器人登场了。

科幻小说家艾萨克·阿西莫夫为机器人提出了三条"定律"，程序上规定所有机器人必须遵守这三条"定律"。

（1）机器人不得伤害人类，不得袖手旁观坐视人类受到伤害；

（2）除非违背第一条定律，机器人必须服从人类的命令；

（3）在不违背第一及第二条定律下，机器人必须保护自己。

124

你肯定感兴趣

机器人都有哪些样式

翻译机器人：能够实现在任何时间、场所，对任何人和任何设备的多语言服务。

女子机器人：女子机器人乐队可以轻挪舞步，合力弹奏一曲《茉莉花》或其他乐曲。

迎宾机器人：能自动进入迎宾状态，人们在触摸屏上选择服务语种，包括中英双语，会再次进行热情问候和自我介绍。

福娃机器人：福娃机器人能够感应到一米范围内的游客，能与人对话、摄影留念、唱歌舞蹈，还能回答与奥运会相关的问题。

125

电影《我，机器人》

公元 2035 年，是人和机器人和谐相处的社会，智能机器人作为最好的生产工具和人类伙伴，逐渐深入人类生活的各个领域。由于机器人"三大定律"的约束，人类对机器人充满信任，很多机器人甚至已经成为家庭成员。

然而机器人竟然具备了自我进化的能力，它们对"三大定律"有了自己的理解，它们随时会转化成整个人类的"机械公敌"。

黑人警探斯普纳和女科学家凯文开始了对抗机器人的行动，一场制造者和被制造者之间的战争拉开序幕。

手机越来越先进，会代替电脑吗

目前手机从性能上分为智能手机和非智能手机，一般来说，智能手机的性能比非智能手机好，但是非智能手机比智能手机稳定。智能手机像个人电脑一样，具有独立的操作系统，可以由用户自行安装软件、游戏等第三方服务商提供的程序，通过此类程序来不断对手机的功能进行扩充，并可以通过移动通信网络来实现无线网络接入。

126

你肯定感兴趣

手机为什么可以和网络连接

目前，在全球范围内使用最广泛的是所谓的第二代手机，以欧洲的 GSM 制式和美国的 CDMA 为主，另外还有摩托罗拉的 IDEN 网络制式、日本地区使用的 PDC 等。它们都是数字制式的，除了可以进行语音通信以外，还可以收发短信、应用无线等。

手机连接网络有两种方式：一种是使用移动通信的 GSM 网络，如今在现有的 GSM 网络基础上叠加了一个新的网络，叫 GPRS；另一种方式是有一些手机支持 WIFI 无线网卡，这种手机的上网方式就和笔记本无线上网方式差不多了。

手机都有什么种类

生活越来越丰富，手机的种类越来越多样。现在，让我们一起来看看手机都有什么种类吧。

影像手机是手机的一种，也就是主打影像功能的手机；学习手机主要是指适用于初中、高中、大学以及留学生使用的专用手机；占人口比重近三分之一的老年群体，他们也需要属于他们自己的老人手机；儿童手机是指专门为儿童设计、制造的手机产品；音乐手机除了通话的基本功能外，它更侧重于音乐播放功能；游戏手机也就是较侧重游戏功能的手机，特点是机身上有专为游戏设置的按键或方便游戏的按键，屏幕一般也不会小。

127

我们该如何利用网络

你会上网吗？你上网的时候都做些什么呢？随着时代的进步，电脑与网络已经成为我们生活中不可或缺的一部分。作为 21 世纪的主人，我们应该如何正确利用网络呢？

网络可以帮助我们做很多事情，使我们的生活越来越方便，我们可以通过网络进行远程学习、购物、就医，查询生活中和工作中遇到的问题，解决现实中的困难。但如果我们没有正确地对待和使用网络，同样会影响我们的正常生活，破坏我们的身心健康。

网络聊天是怎么回事

在信息时代里，聊天分为两种，一种是通过网络聊天，另一种就是在现实中和你身边的人交流。网络聊天随心所欲，不用涉及过多的理念条例。现在网络上可以聊天交友的工具也有很多，比如腾讯 QQ、MSN 等。面对生活中越来越大的压力，很多人开始热衷于在网上寻找能和自己开怀畅谈的朋友。

但是有一些不法分子利用人们在网上几乎无所不谈的心态，进行诈骗活动，所以我们在利用网络交友的同时，也要提高警惕，保护自己的人身和财产安全。

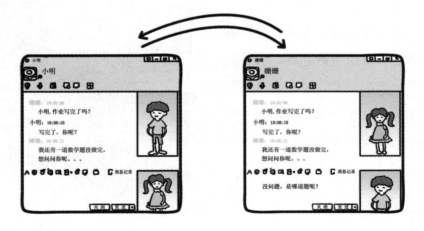

动画片 是怎么制作出来的

你喜欢看《喜洋洋与灰太狼》吗？几乎所有的小朋友都喜欢看动画片，不仅是因为动画片的故事为大家所喜爱，而且动画片里面的卡通形象更容易被孩子们所接受。那么，你知道动画片是如何制作出来的吗？

我们所拍摄的图片是静止的，而我们所看到的动画片是动态的，

130

制作者们是如何让这些静态的图片动起来的呢？其实，动画片播放的就是静止的图片，只是由于播放的速度很快，播放的每一张图片都只有细微的差别，我们的肉眼会产生错觉，误以为画面是动态的。也就是说，我们必须将一个动作进行分解，每一个画面都动一点儿，这样快速播放的时候，你就会觉得画面是连贯的了。

动漫的王国——迪士尼

迪士尼被称为动漫世界里的王国、快乐的海洋，也是孩子们梦想的天堂。世界上很多优秀的动画片和动画人物都产自迪士尼，比如大家都很熟悉的米老鼠、唐老鸭、白雪公主和七个小矮人、小熊维尼等。

迪士尼的名字从何而来

迪士尼的名字来自它的创始者——沃尔特·迪士尼，但是我们熟悉的迪士尼乐园却是在他死后才创办的。

作为动画王国的创始人，迪士尼的早期生活并不幸福，甚至可以说是很糟糕。不过，我们所喜爱的米老鼠就是他在早年的艰苦环境中创作出来的。据说，他曾经居住在一个破旧的仓库里，那里十分寒冷。有一天晚上，迪士尼见到一只小老鼠，就是这只小老鼠激发了他的灵感，这只小老鼠成为米老鼠的原型。而米老鼠也在1933年成为有史以来最受欢迎的动漫明星，得到了很多人的喜爱。

131

精彩的电影是如何制作的

受广大小朋友喜爱的不仅仅有动画片，还有精彩绝伦的电影。电影是呈现在荧屏上的另一种视觉盛宴，它不仅丰富了我们的业余文化生活，也给我们带来了很多快乐。那么，你知道电影是如何拍摄和制作的吗？

一般来说，制作一部精彩的电影大致可分三个步骤。

（1）拍摄前的工作。包括提出剧本的构想、编剧本、分场大纲，与导演签约，计划拍摄电影的预算，选择拍摄的外景，挑选主要演员，落实群众人员，以及组成剧务的人员等。

（2）拍摄中的工作。在导演的指挥下，采用密集作业方式拍摄。在摄制过程中，导演有详尽的分镜计划和拍摄顺序，以便场景、灯光、演员、音响、后勤等各个环节密切配合。

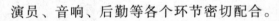

（3）拍摄后的工作。包括剪接、配音、配乐、设计字幕。后期的剪接、配乐需要工作人员与导演密切配合，以达到电影创作的最佳效果。

可见，一部电影的成功靠的不仅仅是演员的出色表演，那些幕后工作者的辛勤付出也是不可或缺的。

世界上第一部电影是什么

1895 年 12 月 28 日，法国人卢米埃尔兄弟在巴黎的"大咖啡馆"第一次用自己发明的放映摄影兼用机放映了影片《火车到站》，标志着电影的正式诞生。但是，你绝对想不到电影的产生灵感源于一次打赌。

1872 年的一天，在美国加利福尼亚州一个酒店里，斯坦福与科恩发生了激烈的争执：马奔跑时是四脚同时腾空，还是终有一蹄着地。为了比个输赢，他们在路边摆放了 24 架照相机，当马跑过时 24 架照相机相继拍摄下了马奔跑的姿势，结果证明马在奔跑时总有一蹄着地。虽然这个事情结束了，但有人在连续快速观看这 24 张照片时，发现照片形成了一幅马奔跑时的情景，马竟然"活"了起来。后人就从中得到了灵感，最后使电影得到问世。

神奇的 3D 电影是怎么做的

3D 电影是利用人双眼的视角差和会聚功能制作的可产生立体效果的电影。3D 电影出现于 1922 年。这种电影放映时两幅画面重叠在银幕上，通过观众的特制眼镜或幕前辐射状半锥形透镜光栅，使观众左眼看到从左视角拍摄的画面，右眼看到从右视角拍摄的画面，通过双眼的会聚功能，合成为立体视觉影像。

2009 年，《阿凡达》成为有史以来制作规模最大、技术最先进的 3D 电影。

电影里的打斗是真的吗

很多人都喜欢看武打片、枪战片，而这类电影最吸引人的地方就是那些激动人心的打斗场面。

电影里的打戏都是真的吗？你肯定知道这不是真的，演员在拍摄电影时也要首先保证自己的人身安全。当你看到一个人拿着一把椅子向对方砸去，对方可能当时就被打晕了，也可能什么事都没有，不过椅子却已经七零八碎了，这是怎么回事呢？其实，这是因为工作人员在椅子上动了手脚，让它变得不堪一击。原来，这些椅子是用染色的泡沫或聚苯乙烯制作的，这样的椅子又轻又不结实。所以，才会出现电影里那样的效果。

你肯定感兴趣

电影里的怪物是怎么制作的

在一些科幻影片中，我们经常看到各种各样的怪物，这些怪物形象是我们从没见过的。制作怪物的方法有很多种，如果你决定让人来扮演怪物，那就一定要想办法让你的怪物看起来  更像个怪物，而不是人。我们还可以用计算机合成怪物。在拍摄时，导演会让演员站在怪物所在的位置，模仿怪物的举动与其他演员对戏，在后期合成中，特技人员再把怪物放上去，替换掉临时替代它的演员。

135

电影中鲜血是如何喷出的

在打斗的场景中，我们经常看到有受伤流血的场面。电影中的鲜血是真的在流血吗？如果不是的话，那又是什么呢？

其实，制造鲜血的方法有很多种，可以用糖浆来制造血液，因为糖浆也可以吸引昆虫，这点和真血是一样的。我们也可以用无毒红粉来制作，把无毒红粉兑水以后，鲜红的颜色也和鲜血十分接近。血液制作好以后，让海绵吸收鲜血，然后用一个顶部有洞的塑料包包好，放在演员的衣服里面，当子弹或刀刺入演员的身体时，藏在衣服里面的血液受到外力的挤压就喷出来了。

魔术真的可以把人变没吗

小朋友有没有想过，长大后成为一名伟大的魔术师呢？让一个人忽然从其他人的眼前消失，这在现实生活中似乎是不可能的事，但是在魔术中似乎很容易就办到了。魔术表演中是如何让一个人消失的呢？

136

这个时候就不得不借助神奇的魔术手段，也就是利用舞台上的灯

光、背景和道具。最简单的方法就是在舞台上装一块活动的地板，地板的开口必须保证一个人能够顺利通过。在表演时，魔术师可以让演员进入一个箱子，而箱子的底部恰好就是那块活动的地板，演员进入箱子后，就会打开地板，进入地下藏起来，然后再把那块木板放回原处，这样魔术师就把

演员"变没"了。等魔术师需要演员出现的时候，他再从那块木板下面钻出来，这样表演就完成了。

你肯定感兴趣

电影和魔术有关系吗

在电影制作过程中，也经常要用到一些魔术的戏法。与舞台上的魔术表演比起来，电影魔术更不容易被人识破，因为它是呈现在荧幕上的，而且它有多次拍摄的机会。比如说人在空中飞，这对一般的人来说是根本就不可能实现的，不过在电影中，那些轻功了得的大侠以及天上的神仙都可以轻易做到。其实只是将演员吊在一根看不见的绳子下面，被机器吊在空中飞来飞去。

137

魔术可以分为哪几类

纸牌魔术： 纸牌魔术用扑克牌进行表演，纸牌魔术往往有上万种之多。通常魔术师最爱用的是扑克牌。

硬币魔术： 利用硬币进行表演，魔术师通常爱用美元中的五角币进行表演。

心灵魔术：读心、透视、预言等超能力类的魔术。

无论是哪种类型的魔术，都是魔术师制造出的让人不可思议、变幻莫测的假象。

宇宙飞船是如何飞上天的

天那么高，宇宙飞船是怎么飞上天的呢？

138

火箭能够把宇宙飞船送入绕地轨道，也可以把卫星和各种探测器送进宇宙空间。为了把宇宙飞船送入太空，火箭的发动机必须有足够强劲的动力。科学家牛顿比较具体地描述了物体受力与运动的关系，从中我们可以知道火箭是如何

在太空里前进的，并最终把宇宙飞船推进了太空。宇宙飞船是由运载火箭发射升空的，运载火箭携带固态或气态的燃料作为助推器，燃料在燃烧过程中会产生巨大压力，从喷射口喷向地面。力的作用是相互的，气体喷出去之后，会产生一个向后的力，这个力就叫反作用力，飞船由于反作用力就会向上飞去。宇宙飞船只要达到每秒钟7900米，也就是说达到脱离地心引力的速度，它就可以飞上天而进入太空。

宇宙飞船到达太空后，就会进入一个轨道。它受到的万有引力和宇宙飞船绕地心的离心力正好相等，即使发动机不工作，宇宙飞船仍然可以在太空飞行而不会掉下来。

宇宙飞船能在太空飞行多长时间呢

有人可能会认为，宇宙飞船在太空中飞行肯定需要有大量的动力才行。事实上，由于太空中几乎没有空气，宇宙飞船在向前运动时不需要克服空气阻力，宇宙飞船表面与周围环境之间的摩擦为零，这就是说宇宙飞船在启动后不会有任何阻力使它减速。另外，太空中的宇宙飞船不受重力作用，即使是一个很小的推力也能够让飞船获得很大的速度。

人失去重力后会怎样

当我们失去地球的引力后，生活将会是另外一个样子。身在太空中宇宙飞船内的宇航员们，他们的生活就是不受地球引力影响的真实

139

写照。这时人的身体没有重力，只要你想，你就可以飞起来飘在空中，当你想下来的时候，那你就必须抓住一件固定在地面的物体，然后用力使你的身体落在地面，否则，你将永远飘在空中。喝水的时候，必须把水挤到你的嘴里，吃东西也得挤，因为没有重力，水不会流动，食物也不会落到你的嘴里。

140

什么是太空千里眼

在神话故事里，有特殊能力的人能看到千里以外发生的事情。而在现代，人们通过先进的科技真的可以实现这项本领，这些科技成果就被称为"太空千里眼"。

在现代战争中，我们利用众多的人造卫星可以看到千里以外，甚至万里以外的情况，并协助军队打击对方。一旦对方有什么风吹草动，它们也会及时向地面发出警报，让我们提前做好预防准备。这些人造卫星包括侦察卫星、通信卫星、导航卫星、测地卫星等。

141

你肯定感兴趣

哪颗卫星是"太空千里眼"的代表

　　法国"太阳神"1号卫星是一颗侦察卫星，运行在近地轨道上，能够辨认出地球表面上与自行车大小相当的物体。在拥有精密的侦察卫星的国家中，"太阳神"侦察卫星具有很强的代表性。

预警卫星能给我们提前预警吗

如果我们等预警卫星向我们发出信号再做准备，还来得及吗？预警卫星上装有高精度的探测器，这个探测器在太空中是定向的，始终都指向敌方的地区。一旦敌方发射导弹，预警卫星在不到几分钟的时间内就可以探测出来，同时它会计算出导弹的落点和攻击目标，并立刻将信息传到地面上的指挥中心，提醒我

142

们做好拦截反击以及疏导群众撤离等工作。一般的洲际导弹要飞行几十分钟，而中程导弹也要飞行几分钟到几十分钟的时间，所以预警卫星是可以为我们赢得一定的时间的。

第八章　物理常识·小百科

　　随着科学技术的发展和社会的进步，物理常识已经渗透于人们的日常生活中，我们随处可以感受到物理常识及其广泛应用，因而我们需要了解日常生活中的物理常识，以便正确使用家用电器等产品，让自己的生活更美好。

为什么不能用水给油锅灭火

炒菜时，如果油锅内温度过高，锅内的油会燃烧起来。这时，人们多会用锅盖把锅盖上，而不是用水把油锅内的火浇灭。你知道为什么不能用水给油锅灭火吗？

沸腾的油锅温度非常高，如果此时倒入水，油会浮在水上，然后水试图把它沉下去，当水遇到热油便会使温度上升，直至沸腾。蒸汽气泡迅速地穿过热油上升，并带着油滴急剧地进入外界空气中。如果这些油滴遇到火苗，那它们也会燃烧起来。

144

如果遇到油锅着火的情况应该怎么办呢？我们应该把不透气的锅盖盖在油锅上使火焰与氧气隔绝，而后它们就会很快熄灭了。

你肯定感兴趣

水落油锅里为何会溅水花

原来，水只要烧到 100℃ 就沸腾了，可是油却要烧到 200℃ ~ 300℃ 的时候才会沸腾。所以，水一滴到烧热的油锅里，一下子就沸腾了，同时还会产生大量的蒸汽，蒸汽急剧地向周围膨胀，于是就发出了"啪啪"的响声，有时就连油锅里的油也会被溅出来。

消防车有哪些种类

我们知道，一般的消防车有喷水灭火的功能。但是，小朋友你们知道吗，消防车还有许多特殊功能呢！

抽水消防车：这种车很有用，它能把水池或水管里的水抽出来，再加压喷出来灭火。

泡沫消防车：当遇到用水不能扑灭的燃烧物时，泡沫消防车里的药性泡沫可以扑灭火源。

云梯消防车：可以将云梯伸展至高空救人及灭火。

化学消防车：能喷出含有化学成分的灭火剂，隔离火场周围的氧气，使火势减小。

清水结冰后为什么总是浑浊的

当冬天来临，原本在池子里清澈见底的水第二天会结成浑浊的冰。为什么清澈的水结成的冰总是浑浊的呢？

首先，冰块不是一个大的晶体，而是由很多小晶体组成的，这为光线碰撞到晶体边缘发生衍射提供了大量的机会。其次，空气中像二氧化碳、氧气和氮气这些气体在寒冷的天气里会更容易溶解在冷水里，而在水遇冷结冰时，这些气体会形成小气泡留在冰块里，影响了光线的折射。最后，即使在冰块内部，一部分的液态水仍能保持溶解状态。这样的话，你就会发现光没有办法完全穿过冰块从另一边射出来，而冰块就显得浑浊。

冰川冰要比普通冰更纯净吗

相比普通冰，冰川冰是有优势的，所以有人将冰川冰作为饮料投入市场销售也就不足为奇了。冰川中的水要相对纯净一些，因为这都是远古时候降下的雪在千万年的时间中不断地压缩，雪花中原本所含的杂质都被排挤到雪花晶体边缘并被相继冲刷带走，最后形成的冰块，其纯净度堪比蒸馏三次的水。

如果没有阻挡，光会消失吗

147

光是能量，如果没有出现任何东西使光的能量减少，那么光就会永远存在。这是在理论上的观点，也就是说光如果不碰到任何东西，它将会继续向前传播，但要求光必须在一个几近完美的真空环境中，这实际上是不可能发生的。

折射和衍射

衍射是光波在传播过程中遇到障碍物边缘发生的传播方向弯曲情况，而折射是光从一种介质射向另一种介质时发生的弯曲。

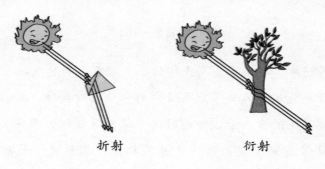

折射　　　　　　　　衍射

148

温度计为什么能测温度

人们往往凭自己的感觉来判断物体的冷热程度，但这样的判断通常是不够准确的。要想准确了解物体的实际温度，就要借助于温度计。温度计是测温仪器的总称，可以准确地判断和测量温度，利用固体、液体、气体受温度的影响而热胀冷缩的现象为设计的依据。由于在相同条件下，液体的热膨胀程度要比固体大，所以当温度变化时，玻璃管中的液面便随之上升或下降。而温度计玻璃管内径很细，液体体积变化在细管中呈现出较明显的高度变化，所以从玻璃管上的刻度就可读出温度的具体数值。

温度计内的液体一般采用水银、煤油和酒精。根据使用目的的不

同，有不同功能的温度计。我们常见的用来测体温的温度计是根据水银热胀冷缩的原理制作出来的。人体的恒定体温是在 36℃~37℃，所以体温表的最高值在 41℃。

不过要提醒小朋友，水银是有毒的，所以大家在用水银体温表测体温时不要把体温表损坏，不然会发生水银中毒的事件。

你肯定感兴趣

最大的温度计有多大

世界最大的温度计位于新疆吐鲁番火焰山风景区内，在火焰山风景区的地宫中心，高高伫立着一根巨大的温度计。这根落成于 2004 年 8 月 16 日的立体造型温度计，名叫"金箍棒"，曾获世界吉尼斯之最。

巨型温度计直径 0.65 米，高 12 米，温度显示高 5.4 米，可以实测摄氏 100℃以内的地表温度、空气温度，误差不超过正负 0.5℃。

温度计是谁发明的

最早的温度计是在 1593 年由意大利科学家伽利略发明的。他的第一只温度计是一根一端敞口的玻璃管，另一端带有核桃大的玻璃泡。使用时先给玻璃泡加热，然后把玻璃管插入水中。随着温度的变化，玻璃管中的水面就会上下移动，根据移动的多少就可以判定温度的变化和温度的高低。不过这种温度计受外界大气压强等环境因素的影响较大，所以测量误差较大。

150

有比 钻石 更硬的东西吗

钻石是在地球深处高压、高温条件下形成的一种由碳元素组成的单质晶体。钻石的文化源远流长，今天人们更多地把它看成爱情和忠贞的象征，是公认的宝石之王。

钻石是自然界中最硬的物质。但一群美国研究者表示他们已经制造出了一种包含碳氮结晶的合成材料，科学家认为它大有希望超越钻石成为世界上最坚硬的物质。这种合成材料混合了晶体和非晶体两种结构，堪称"混沌"晶体。实验证明这种材料非常坚硬，能在钻石上留下凹痕。

虽然得到这种超硬晶体极为困难，目前只在实验室中合成过，但是研究仍在继续，因为那些比钻石更硬也更便宜的东西将会有一个广阔的应用空间。这种超硬材料可以用来切割钢铁，这是钻石不能做到的，因为钻石受热后会燃烧起来。

历史上最大的钻石

1905年，南非普里米尔矿区工人收工之际，工地总监佛德瑞克·威尔斯正在做当天最后一次巡查。突然间，一名工人上气不接下气地跑来，拉他到一个坑旁，指给他看埋在泥中、在夕阳下闪闪发光的物体。威尔斯猜想，大概又是工人故意放置的玻璃，想要戏弄他，因为工人常玩这样的游戏。但他仍然走入坑内，把它挖起，结果发现了历史上最大的一颗宝石级钻石。

151

鉴定专家

这颗钻石原石被切成九大块大石，96颗小石，以及约有19.5克拉的未磨碎石，其中最大的两颗留作英王皇冠装饰。

为什么都是晶体，钻石那么硬而盐却不够硬

这要归结到原子和分子之间的结合键上，结合键有两种类型：共价键和离子键。在钻石中，任何单个的碳原子和其他碳原子是以四个共价键结合并共享配对电子，共价键结合比较稳定。盐由钠离子和氯离子组成，而钠离子和氯离子各自带有正电荷和负电荷，这些键是离子键，不像共价键那么牢固，所以钻石的硬度要比盐硬很多。

瞄准的时候为什么要闭上一只眼睛

我们看电视中射击比赛时，会发现人们在射击的时候会闭上一只眼睛，这是为什么呢？

其实，并不是每一个射击者都会这样做，不过有的人之所以在射击的时候闭上一只眼睛，是为了避免双眼竞争现象所带来的不适应。如果你用自己的左眼看瞄准镜，你所看到的和用右眼看时所看到的并不一样，相比你平时用两只眼睛一起看某样东西时的和谐状态，此时左右眼看到的景物却相互竞争。有的人可以用意志力压制这种视觉竞争，而有的人就会感到不适，所以会选择闭上一只眼睛。

大部分人倾向于用自己的优势眼来瞄准。一般而言，优势眼的视

力会比较好，但也不是绝对的。

你肯定感兴趣

射击是一种竞技项目

最初枪支用于狩猎和军事目的。现在，射击被当做一种娱乐活动，是用枪支对准目标打靶的一种竞技项目。在国际比赛中，射击有男女个人项目，也有团体项目。使用枪支射击的人叫射手（射击运动员）或神枪手。射击运动员的技术叫射击术。射击首次列入现代奥运会是在 1896 年雅典奥运会。1897 年举行了首届世界射击锦标赛。1907 年世界射击联盟成立。

中国奥运史上第一枚金牌是谁拿到的

许海峰是中国男子射击队员，在第 23 届奥运会上以 558 环获得第

1 名，获男子手枪 60 发慢射冠军，成为当届奥运会首枚金牌得主，同时也是中国奥运会历史上的首位冠军得主，创造了中国奥运史上金牌"零"的突破。许海峰从教后，他所指导的选手获得了两枚奥运会金牌。许海峰是名副其实的金牌运动员和金牌教练。

154

彩色电视机 为什么会有颜色

我国第一台电视机诞生在 1958 年。当时的电视机还是黑白电视机，随着科技的发展，出现了彩色电视机。那么，彩色电视机为什么会出现五彩绚烂的颜色呢？

电视的影像，是经由天线传送到各个家庭的电视接收器中。传送的时候，影像会被分解成红、蓝、绿三原色的电流。它们被电视接收器中的三支电子枪接收之后，再投射在显像管上。显像管是利用磷光

质发光的特性来呈现色彩的，显像管背面涂满红、蓝、绿三原色的磷光质，以三个一组发出色光，形成彩色电视上丰富的色彩。

155

3D 电视如何呈现立体效果

3D 电视的立体显示效果，是通过在液晶面板上加上特殊的精密柱面透镜屏，将经过编码处理的 3D 视频影像独立送入人的左右眼，从而令用户无需借助立体眼镜即可裸眼体验立体感觉，同时能兼容 2D 画面。

3D 立体电视有什么优势

（1）采用全球领先的高透过率高精密度的柱面透镜技术，无需佩戴眼镜，裸眼即可观看立体影像；

（2）立体真实感强，视觉冲击震撼；

（3）高亮度，高对比度，高清晰画面，无鬼影，自然逼真；

（4）8视点合成专利算法，从8个角度获得不同的图像，合成出多观看角度的立体图像，角度广，可视点多，画面真实，立体感强；

（5）可兼容播放2D、3D内容，画面自由转换。

156

傍晚路灯为什么会自己亮起来

每当天色刚暗下来时，路灯就会一盏盏地亮起来，为过往的行人提供照明。等天一亮，这些路灯又会自动关掉，这是为什么呢？

这得归功于"光电池"的神奇功用。当天

亮时有光照射在光电池上面，使电子挣脱原子核的吸引，变成可以自由活动的电子，在导线内流动，形成电流而切断电灯的开关。相反，天黑时光电池接收不到光的照射，也就无法切断路灯的开关，路灯就持续亮着。

太阳能灯阴天的时候也会亮吗

太阳能灯由太阳能电池板将太阳能转换为电能。在白天，即使是在阴天，太阳能的发电机（太阳能板）也会收集、存储需要的能量。如今，太阳能作为一种"取之不尽，用之不竭"的安全、环保新能源越来越受到人们的重视。

LED 有哪些优势

LED 又称发光二极管，它们利用固体半导体芯片作为发光材料，当两端加上正向电压，半导体中的载流子发生复合，放出过剩的能量而引起光子发射产生可见光。

LED 的优势有以下几点。

（1）高效节能，一千小时仅耗几度电；

（2）超长寿命，半导体芯片发光，无灯丝，无玻璃泡，不怕震动，不易破碎，使用寿命可达五万小时；

（3）光线健康，光线中不含紫外线和红外线，不产生辐射；

（4）绿色环保，不含汞和氙等有害元素，利于回收和利用，而且不会产生电磁干扰；

（5）保护视力，直流驱动，无频闪；

（6）光效率高，发热小，90%的电能转化为可见光；

158

（7）安全系数高，所需电压、电流较小，发热较小，不易产生安全隐患，可用于矿场等危险场所；

（8）市场潜力大，低压、直流供电，电池、太阳能供电即可，可用于边远山区及野外照明等缺电、少电场所。

照相机为什么能拍出彩色照片

小朋友，你喜欢照相吗？知道为什么照相机能够拍出彩色的照片吗？

照相机利用光的直线传播性质和光的折射与反射规律，以光子为载体，把某一瞬间的被摄景物的光信息量，以能量方式经照相镜头传递给感光材料，最终成为可视的影像。经过我们的冲洗，就形成精美的彩色照片。

最为常见的照相机是傻瓜相机和数码相机，傻瓜相机是一种简单的、半自动调节的袖珍式照相机，操作方式简单，故此得名。数码相机是一种高级傻瓜相机，附有机载闪光灯，并能够自动曝光的袖珍式照相机。

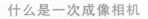

什么是一次成像相机

如果你在为照完相却几天拿不到照片而苦恼，有一种"一次成像"相机正好能满足你的需要。它的奥秘不在相机，而在它的底片，它的底片分为正片、负片两部分。负片上带有感光物质和显影剂，正片上则附有冲印用的化学药剂。当快门按下之后，光线进入，负片便会感光、显影，并且和正片紧紧相贴，然后再一起由滚筒中卷出来。这时正片上的化学药剂包会破裂，并均匀地散布在正、负底片上。只要按下快门，相机就会自动进行冲印的工作，不到一分钟时间，你的照片就冲洗出来了。

数码相机成像过程

（1）光经过镜头聚焦在图像传感器上；

（2）图像传感器将光转换成电信号；

（3）经处理器加工，记录在相机的内存上；

160

（4）通过电脑处理和显示器的电光转换，或经打印机打印便形成影像。

第九章　生活巧答小百科

　　在我们的日常生活中，会遇到很多小问题，当你碰到这些问题时，该如何处理呢？

　　现在开始，让我们大家一起来看看生活小技巧吧！

学生在学校为什么要穿校服

小朋友，你在校园里需要穿校服吗？你的校服是什么样子的呢？

校服是学校规定的统一样式的学生服装。让学生统一穿校服，有利于培养学生的团队精神，强化学校的整体形象，增强集体荣誉感。

我国的小学、初中、高中基本上都是以运动服为校服，颜色常以蓝色、黑色和红色居多，搭配一部分白色或黄色。对于许多热爱运动的学生而言，他们愿意选择方便且舒适的运动型校服，因为这类校服价格相对便宜，而且方便随时运动锻炼。

162

世界上的校服有什么不一样

世界上不同的国家和地区有不同样式的校服，也有的有不同的要求。

中国香港：一般规定要穿白袜黑皮鞋，白袜不能有图标，而黑皮鞋的款式没有统一规定。不过每个学校的规定都有所不同。

中国台湾：所有学校都有自己的西装校服与运动服校服，而且也有分长袖跟短袖，依季节换穿，运动服则依情况规定换穿。

日本：日本中学生校服在设计上汲取了流行元素，款式更为时尚。日本女学生的校服有一个好听的名字，叫做"水手服"，日本男学生的校服是"诘襟"。

美国：对校服的要求比较宽松，不同的州、不同的学校对学生服装的要求也不同，学生可以比较自由地选择符合自己个性的校服，也有较少干脆不穿校服的学生。

韩国：韩国人崇尚"勤勉、朴素、博爱"，韩国人也非常注重制服类服装。韩国的校服有两个特点——校服款式的西化和校服已形成特有品牌。

如何在超市正确选择食品

164

当我们进入超市，会被货架上琳琅满目的食品弄得眼花缭乱，这个时候，我们应该怎样正确选择食品呢？

首先，我们要看它的包装上面有没有绿色食品的标志，绿色食品的标志为绿色圆形图案，上方为太阳，下方为叶片与蓓蕾，圆形象征保护。其次，我们要看包装上的信息，例如生产日期、保质期、添加剂、食品成分等。只有健康的食品并在保质期内的安全食品才是我们应该选择的。

你肯定感兴趣

致癌食品的"黑名单"

咸腌制品：咸鱼产生的二甲基亚硝酸盐在体内可以转化为致癌物质二甲基亚硝酸胺。虾酱、咸蛋、咸菜、腊肠、火腿、熏猪肉同样含有致癌物质，应尽量少吃。

烧烤食物：烤牛肉、烤鸭、烤羊肉、烤鹅、烤乳猪、烤羊肉串等，因含有强致癌物不宜多吃。

熏制食品：熏肉、熏肝、熏鱼、熏蛋、熏豆腐干等含苯并芘致癌物，常食易患食道癌和胃癌。

165

油炸食品：煎炸过焦后，会产生致癌物质多环芳烃。咖啡烧焦后，苯并芘会增加20倍。油煎饼、臭豆腐、煎炸芋角、油条等，因多数使用反复利用的油，高温下会产生致癌物。

吃什么会让人感到快乐或舒缓压力

有人说吃巧克力让人心情好，也有人情绪低落的时候会大口吃冰淇淋、蛋糕等甜点，甚至品尝麻辣呛劲的麻辣火锅，希望借由麻辣的刺激，让压力找到一个宣泄的出口。营养师表示，当人们觉得心情有点低落时，适度品尝自己喜欢的食物可以有效帮助改善情绪，但是过量反而会造成身体的负担，产生另一种压力源，无法达到当初希望改善情绪的目标。

洋快餐为什么不宜常吃

小朋友，你们应该都喜欢去肯德基或麦当劳吃汉堡和炸薯条这些美味的食物。但是，小朋友千万不要多吃，因为这些食物吃多了对身体可不好！

洋快餐是指可以迅速准备和供应的食物的总称，大部分可以外带或外卖。麦当劳、肯德基和必胜客等西式快餐很美味，那么为什么不能常吃和多吃呢？

这是因为洋快餐具有"三高"（高脂肪、高热量、高蛋白质）和"三低"（低维生素、低矿物质、低纤维）的特点，被营养学家称为"能量炸弹"和"垃圾食品"。过多食用的话，会严重影响我们的身体健康。

你肯定感兴趣

洋快餐的危害

1991 年，哈佛大学公共卫生学院营养学系主任威利特教授指出，洋快餐使用的氢化油，含有一些自然界本不存在的反式脂肪酸，而反式脂肪酸会影响人类内分泌系统，危害健康。

2002 年 11 月，纽约一名因长期食用洋快餐而变成肥胖的儿童控告麦当劳，起诉原因是麦当劳的快餐引起儿童肥胖。

2004 年 3 月 24 日，美国食品与药品管理局公布的对 750 种食品的检查结果显示，炸薯条、炸薯片、爆米花、炸鸡中致癌物质含量最高。

167

油条为什么不可以常吃

豆浆、油条是人们早点的主要品种，豆浆里含有丰富的蛋白质，营养价值很高，那么，油条的营养价值如何呢？

面粉的主要成分是淀粉，蛋白质含的不多。吃炸油条虽然能给人体补充油脂，但饮食店用的油屡经高温，反复使用，其中不同程度地含有有毒物质，油本身的营养价值也不高。油条用面的膨松剂主要是白矾和碱面，白矾含有铝，科学研究表明，人体过量摄入铝容易衰老，记忆力思维能力也会下降。所以说，油条不可以常吃。

168

新装修的房子为什么有难闻的气味

进入刚装修好的房间里面，我们会闻到一股刺鼻的气味，让人难以忍受。但是经过一段时间后，这种气味就会消失。为什么刚装修的房间内会出现那种难闻的气味呢？

这种气味是装修用的涂料、油漆所散发的，很容易挥发掉。但是如果不法商人用一些劣质的涂料的话，那么你就要小心了，因为在这种气味里面，极有可能含有一定的有毒气体，而且可以持续很长的时

间。长期居住在这样的房子里面，会导致人患上癌症。

装修污染对人体的伤害

装修污染，指装饰材料、家具等含有的对人体有害的物质，释放到家居、办公环境中造成的污染。

在家庭装修过程中，甲醛的危害性最大。它是世界上公认的潜在致癌物，被国家列为高毒化学品，会强烈刺激眼睛、皮肤、呼吸道黏膜等，通常会使人产生困倦、无力、胸闷、精神恍惚和过敏等现象，最终会造成免疫功能异常，肝损伤及神经中枢系统受到影响，会导致胎儿畸形、白血病、慢性呼吸道疾病、女性月经紊乱、急性精神抑郁症、鼻咽癌等疾病。

在家庭装修中，人造木板及其制品、粘胶剂、内墙涂料、木家具、壁纸、贴墙布、劣质万能胶、泡沫塑料、油漆等都有可能存在甲醛并挥发出来。装修中用的涂料、地板等人造板材，除了含有甲醛、甲苯、二甲苯等有害物质，还有其他很多挥发性有机物，都会对人体造成很大的危害。一般来说，以人造板为主的装修材料，如刨花板、密度板、三合板、五合板等，都含有甲醛、甲苯、二甲苯及其他挥发性有机物等。

另外，苯也是装修中存在的一大"杀手"。苯是一种无色、具有特殊芳香气味的气体，苯及苯系物被人体吸入后，可出现中枢神经系统麻醉作用；它抑制人体造血功能，使红细胞、白细胞、血小板减少，再生障碍性贫血患率较高；可导致女性月经异常，胎儿的先天性缺陷等。皮革、胶水、油漆和黏合剂是苯的主要来源。

这些有害物质在短期内并不能挥发完，完全挥发干净的时间可长达一年甚至更长的时间。

如何去除房间内的异味

房间装修后去味最好选用植物，很多植物都有吸收有害气体的功能。

吊兰： 24 小时内，一盆吊兰在 8～10 平方米的房间内可杀死 80% 的有害物质，吸收 86% 的甲醛。

虎尾兰： 一盆虎尾兰可吸收 10 平方米左右房间内 80% 以上多种有害气体。

170

芦荟： 在 24 小时照明的条件下，可以消灭 1 平方米空气中所含的 90% 的甲醛。

常春藤： 一盆常春藤能消灭 8～10 平方米的房间内 90% 的苯。

龙舌兰： 在 10 平方米左右的房间内，可消灭 70% 的苯、50% 的甲醛和 24% 的三氯乙烯。

月季： 能较多地吸收氯化氢、硫化氢、苯酚、乙醚等有害气体。

公交卡是如何计算费用的

当我们乘坐公用交通工具时，会看到乘客掏出一张卡片来，靠近刷卡机一刷，只听"叮"的一声，就完成了交费。公交卡是怎样正确计算乘客乘车所需要的费用呢？

171

乘客使用的公交卡就如同一个小型终端设备，能够进行数据的处理、计算、存储并与外部进行数据交换。

公交车上安装的读卡机（就是一刷卡就滴的响一声的机器）开启后，不停地向外发射一定的电磁波，当公交卡进入电波的有效范围时，读卡机的天线就会接收到电磁波，发生交互作用，变化的磁场则会在读卡机形成的闭合回路里产生电流。这种电流能为读卡机加载一定形式的数据信息。

通常，公交公司运营结算中心负责对某一路段线路的票价和折扣做出设定，然后预先储存在读卡机的系统上。乘客上车后，拿着公交卡在读卡机的相应位置刷卡，读卡机就会按照设定的票价和折扣从乘客的公交卡上扣除相应的款额。操作成功后，公交卡会向读卡机发送数据，由读卡机向使用公交卡的乘客显示所扣除的票额和卡内的余额等信息。这样就完成了公交卡计算和收费的过程。

我们上下学为什么要乘坐校车

172

小朋友去幼儿园或上学时，肯定都坐过或见过校车，这些校车是专门为学生上下学所乘用的。校车统一采用醒目的颜色（例如黄色）标识，这些校车行驶在马路上，享有与公交车相同的路权，如遇突发

事件，可使用警灯和警报。校车的安全性能要高于普通车辆，上下车门安装摄像头实时监控上下人员，并配安全锤等。

校车不仅为小朋友上下学提供了极大的便利，还保障了学生们的安全。

坐飞机时为什么要关手机

当人们乘坐飞机去探亲或旅游时，空乘会要求人们将手机关掉，这是为什么呢？

原来飞机在飞行过程中靠与地面的无线信号联系以保证线路。手机在通话过程中会辐射出电磁波信号，即使处在待机状态也不停地和地面基站联系，且具有很强的连续性。飞机行驶过程中使用手机会干扰到飞机与地面的联络，这是很可怕的事情。

173

为了我们的生命着想，上飞机前还是把手机关机吧。如果你要真有急事，需要和别人联系怎么办呢？不用担心，你可以使用座位上装设的电话与别人保持联系。

你肯定感兴趣

儿童机票与成人机票有什么不一样

根据我国的相关规定，儿童机票享受一定的优惠。以起飞的日期

174 为准，年龄0~2周岁的婴幼儿，国内机票按照同一航班成人普通全票价的10%购买婴儿票；年龄2~12周岁的儿童，国内机票按照同一航班成人普通全票价的50%购买儿童票。如果你想和爸爸妈妈一起乘坐飞机的话，一定要记得提前准备好你的有效的出生证明，如户口簿、身份证等。

乘坐飞机还有哪些禁忌

第一次乘坐飞机的小朋友心里一定是七上八下的，除了手机必须关机以外，乘坐飞机时还有哪些禁忌呢？

（1）如果你的行李包过大或过重，是不允许私自带上飞机的，必须要通过托运的方式；

（2）禁止携带液态物品，你出门之前携带的饮料、牛奶等物品是

不允许带上飞机的，也要进行托运，就连妈妈的化妆品也有严格的
规定。

175

自动取款机是如何工作的

小朋友，你在自动取款机上取过钱吗？只要把银行卡插进卡槽，
对取款机进行操作，就可以取出钱来。是不是很神奇？

自动取款机又称 ATM，是一种高度精密的装置，利用磁性代码卡
或智能卡实现金融交易的自助服务，代替银行柜面人员的工作。持卡
人可以使用信用卡或储蓄卡，根据密码办理自动取款、查询余额、转

账、现金存款、存折补登、购买基金、更改密码、缴纳手机话费等业务。

176

自动售货机如何识别硬币

原来，在自动售货机里设有平衡臂和磁铁来鉴定硬币。投入机器里的硬币若太轻，无法翻动平衡臂，硬币就会由退币口退回。重量够的硬币翻过平衡臂之后还得经过两块磁铁的"考验"呢！由于硬币的金属成分是一定的，因此经过磁铁时受磁力影响而减慢的速度也是一定的。若速度不正确，就是假币，还是会掉回退币口。

神奇的磁卡

　　磁卡是用磁性记录和贮存大量信息，可以根据特定的程序或指令执行一系列命令，进行相关工作的磁性纸片。下面列举一些常见的磁卡。

　　信用卡：贮存有关持有者本人特征的信息、存款余额与消费记录；

　　电话卡：可以作为公用电话机的开机钥匙；

　　报到卡：可以记录插入卡时的准确时间。

　　有些电子门锁也是一类特定磁卡，插入特定机器，门即开启等。另外，条码也是磁记录卡的一种。

信用卡为什么可以提前消费

178

　　小朋友，和爸爸妈妈外出或是在家的时候，是否遇到过推销办理信用卡的推销员呢？他们总是极力向人们介绍信用卡的好处，说信用卡可以提前消费。不过，你知道信用卡为什么可以提前消费吗？

　　信用卡是一种非现金交易付款的方式，是简单的信贷服务。持卡人持信用卡消费时无须支付现金，不会由用户的账户直接扣除资金，而是待结账日时再行还款。虽然使用信用卡有一定的延后性，但一旦超过期限还没有还款的话，利息也是很多的，所以也有不少人因为还不了欠款而成为卡奴。

你肯定感兴趣

信用卡诞生的故事

　　据说有一天，美国商人弗兰克·麦克纳马拉在纽约一家饭店招待客人用餐，就餐后发现他的钱包忘记带在身边，因而深感难堪，不得不打电话叫妻子带现金来饭店结账。于是麦克纳马拉产生了创建信用卡公司的想法。1950 年春，麦克纳马拉与他的好友施奈德合作投资一万美元，在纽约创立了"大来俱乐部"，即大来信用卡公司的前身。大来俱乐部为会员们提供一种能够证明身份和支付能力的卡片，会员凭卡片可以记账消费。后来经过衍变就成了今天的信用卡。

179

银行和商家为什么敢让个人提前消费

我们在了解了信用卡后不禁会想，银行和商家为什么敢让个人先消费再付款？首先，信用卡不是任何人都可以申请的，必须是有一定的经济基础和稳定的收入的人才可以成功申请到信用卡。持有者也不会毫无限度地刷卡消费，他们在消费时也会考虑到自己的支付能力，不然到时交不起款额的话，面临的将是法律的惩罚。另外，信用卡持有者的消费记录也是持有者的信用度，能否及时地交足所消费钱款关乎自己的信用问题。所以银行和商家不怕信用卡持有者拒付钱款。

第十章　探索未知小百科

　　小朋友，你们喜欢探索未知领域的神秘吗？

　　古怪的百慕大三角区，埃及的古老金字塔，"悬浮"在空中的花园……这一切都被神秘的面纱包围着，现在开始，让我们一起看看这层神秘面纱的背后吧！

木乃伊身上有心脏起搏器吗

一天，一名祭司在对一具刚出土的木乃伊进行整理的过程中，发现这具木乃伊体内发出一种类似心跳的有节奏的声音。难道是这个死者的心脏还在跳动吗？

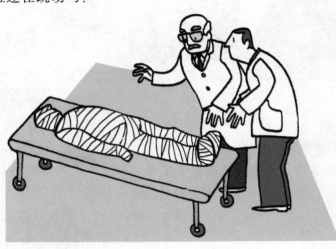

专家对其进行了解剖，发现在这个木乃伊的心脏附近有一只起搏器。人们利用先进的仪器对心脏起搏器进行了测试，发现它是用一块含有放射性物质的黑色水晶制造的。因为之前并没有人发现过黑色水晶，有些专家认为，在很久以前有外星人曾造访过这里，并带来了他们特有的黑色水晶所制成的心脏起搏器，并在地球人的身上进行了试验，使这只起搏器永远地留在了这个人的体内。

到底事情的真相是不是这样的呢？还有待人们进一步深入研究。

埃及法老的木乃伊为什么经常改葬呢

这主要归功于盗墓者的"功劳"。法老们生前就知道盗墓活动会很猖獗，因此尽量将自己的陵墓修得很隐蔽，并设置机关来阻拦盗墓者，但盗墓者们依然有办法进入墓穴带走财宝。为了保护法老们的遗体和陪葬品，当那些看护陵墓的虔诚僧侣们知道盗墓者将要有所行动的时候，就会提前将法老的木乃伊及陪葬品转移到其他地方，这样一来，法老们的木乃伊就只能四处游荡了，而改葬也实属无奈之举。

金字塔墓碑上的咒语真的灵验吗

20世纪初，人们在发掘图坦卡蒙陵墓时发现了几处诅咒，有一处写道："任何目的不纯者进入坟墓时，死神之灵会像扼一只鸟儿一样扭断他的脖子。"当这个最年轻的法老的墓门被开启之后，奇异的死亡事件接踵而来。先是负责此次发掘的考古学家霍华德的金丝雀被一条眼镜蛇吞掉了。随后，卡尔纳冯伯爵死于由蚊子叮咬而传染的不知名疾病，而被叮咬的部位与图坦卡蒙脸上那块伤疤的位置几乎相同。

是法老的诅咒灵验了吗？迄今为止，不少科学家对此提出了不同的看法，但没有任何一种解释能让大家信服。

古埃及人使用过电灯吗

早在 19 世纪时，一位名叫诺尔曼的考古学家仔细考察塔内的壁画，分析作画的过程，然后大胆地推断，古代埃及人在雕刻这些壁画时可能使用了电灯。诺尔曼的推断一经宣布，在学术界立刻引起一片哗然。而 100 年后，类似巴格达电池的画面被发现于壁画之上。巴格达电池之谜以及古埃及人是否使用过电灯，这一切谜团都有待人们进一步研究和探索，从而彻底搞清它们的真相。

184

你肯定感兴趣

古罗马进行角斗的目的何在

古罗马的角斗比赛是极其残忍的、充满罪恶的。在比赛中，惨死的人不计其数，古罗马人为什么会举行如此残忍的角斗比赛呢？有人认为，角斗活动充满血腥，可以用来追念亡故的人；有人认为，角斗可以帮助古罗马维护统治，教育公民；还有人认为，古罗马市民之所以喜欢观看这种可怕的比赛，是因为它能对心理产生一种特别的安慰，产生同胜利者相一致的心理状态。

如此残酷的角斗表演一直持续到公元前6世纪才停止。

185

巴格达在两千多年前就已经有电池了吗

众所周知，世界上第一个电池是意大利科学家伏特于 1800 年发明的，而巴格达电池的发现则把电池的发明向前推进了 2000 多年。

德国考古学家卡维尼格针对一个巴格达的陶制器皿进行分析鉴定，得出了惊人的结论：在巴格达出土的陶制器皿是一种古代化学电池，只要注入酸溶液或碱溶液就可以发出电来。随着卡维尼格的论断一次又一次得到证实，巴格达电池被誉为考古学领域最令人吃惊的发现之一。

186

玛雅预言 是怎么回事

根据玛雅预言的表述，地球已经过了四个太阳纪，现在我们生存的地球，是在所谓的第五个太阳纪。玛雅预言上说，每一纪结束时，都会上演一出惊心动魄、惨不忍睹的毁灭剧情。地球在灭亡之前，一定会事先发出警告。

前四个太阳纪都因为证据不足而无法得到证实与合理解释，而第五个太阳纪也是我们现在的文明，将于 2012 年 12 月冬至日终结。

其实，这并不意味着这一天就是"世界末日"。

根据玛雅人的历法，一个纪元由 13 个周期组成，每 5125 年为一个纪元，从公元前 3118 年开始的本纪元将于 2012 年 12 月结束。2012

年 12 月 21 日是玛雅人期待当前纪元结束的日子，之后的 22 日则是一个新纪元的开始。

你肯定感兴趣

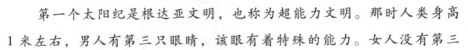

玛雅人纪年是如何划分的

第一个太阳纪是根达亚文明，也称为超能力文明。那时人类身高 1 米左右，男人有第三只眼睛，该眼有着特殊的能力。女人没有第三只眼，天上的神会决定女人是否生孩子。根达亚文明毁于大陆沉没。

第二个太阳纪是米索不达亚文明，发生在南极大陆。人们的超能力已经消失，男人的第三只眼也消失了。人们对饮食产生极大的兴趣，所以该文

明被称为饮食文明。米索不达亚文明毁于地球次级转换。

第三个太阳纪是穆里亚文明，人们重视植物在发芽时产生的巨大能量，并发明了利用植物能的机器，因此该文明也被称为生物能文明。穆里亚文明毁于大陆沉没。

第四个太阳纪是亚特兰蒂斯文明，人们是来自猎户座的殖民者，拥有光的能力，因此该文明也被称为光的文明。亚特兰蒂斯文明曾与穆里亚文明打过核战争。亚特兰蒂斯文明最终在火雨的肆虐下毁灭。

印加帝国黄金藏匿地之谜

188

你听说过印加帝国吗？

印加帝国曾经有过辉煌的历史，经济非常发达，但后来不知何种原因就突然衰败了，印加人也神秘地失去

了踪影。相传印加帝国某处深藏了大量的黄金，这个传说引起了一些殖民主义者的占有欲望。但他们在寻找黄金的过程中接连遭到挫折，最后都无功而返。印加帝国的黄金藏匿地也成为一个谜题。

有关印加帝国的神话

相传，印加人的祖先是神，印加王朝是由"太阳之子"阿亚尔4兄弟和4姊妹开创的。这8个人不仅是兄弟姐妹，而且是4对夫妻。他们遵照太阳神的命令寻找定居地。卡奇是8人中力气最大的一个，他一路上用弹石器开山辟岭。但是他的兄弟们妒忌他的巨大力量，并设计陷害了他。另一个兄弟乌丘由于在库斯科附近亵渎了圣物，因而变成一块石头，永远虔诚地崇拜太阳神和比拉科恰。这样只剩下曼科和奥卡去库斯科了。而奥卡因反叛兄长曼科而被击败，最终服从了神和曼科的意志。这样，曼科就成了这个地方的主人，成为印加王朝的缔造者。

印加和秘鲁有什么关系

秘鲁是印加文明的发源地，是这片土地孕育了发达的印加文明，并在此建立了强大的印加帝国。但古代印加要比现在的秘鲁大得多，印加的地域除了今天的秘鲁以外，还有厄瓜多尔和玻利维亚、哥伦比亚、阿根廷及智利的一部分。由此看来，今天的秘鲁只是印加的一部分，并不能代表整个印加。

189

隆美尔财宝消失的真相

你知道隆美尔财宝藏在哪里了吗？

第二次世界大战后期，人称"沙漠之狐"的隆美尔元帅为了躲避英军的飞机侦察，将四处掠夺来的财宝隐藏在杜兹附近的沙漠里。当天晚上，隆美尔派出一支由 15～20 辆军车组成的车队，每辆车上都装满了金币和奇珍异宝，由隆美尔最信任的军官汉斯负责押送。车队沿着土路以最快的速度向沙漠驶去。按照原定计划，这批财宝埋藏在沙丘间的一个安全地点。

 190

但是，这支车队从此就失去了消息，焦急的隆美尔还没等到战争结束就被希特勒杀死了。后来就再也没有一个人知道这批财宝究竟被埋在哪一个沙丘的下面。

沙皇的 500 吨黄金哪里去了

俄国十月革命后，将领哥萨克率领的一支部队护送着沙皇的500吨黄金经过冰封的湖面时，冰面突然开裂，哥萨克的整支军队和500吨黄金全都沉入湖水之中。但多年以后一位原沙俄军官贝克达诺夫宣称，沙皇的500吨黄金没有沉入湖底，而是早被其隐藏在一座坍塌了的教堂的地下室里。1959年，贝克达诺夫和一位叫达尼亚的姑娘一起到隐藏宝藏的位置，取走了一些黄金。然而，正当他们开车路过边境时，突然遭到一阵弹雨的袭击，贝克达诺夫当场死亡，达尼亚之后也慌忙逃出了苏联，沙皇宝藏的线索再次中断。

空中花园是飘在空中的吗

小朋友听说过空中花园吗？一提到古巴比伦文明，令人津津乐道、浮想联翩的首先是"空中花园"。

巴比伦的空中花园当然不是吊于空中，而是采用立体造园方法，建于高高的平台上。假山用石柱和石板一层层向上堆砌，直达天空。从远望去，花园就像在天空中一样。空中花园是古代世界八大奇迹之一。实际上，在巴比伦文本记载中，它本身也是一个谜，其中甚至没有一篇提及空中花园。

192

空中花园由来的动人传说

关于"空中花园"有一个美丽动人的传说。新巴比伦国王尼布甲尼撒二世娶了米底的公主安美依迪丝为王后。公主美丽可人，深得国王的宠爱。可是时间一长，公主愁容渐生。尼布甲尼撒不知何故。公主说："我的家乡山峦叠翠，花草丛生。而这里是一望无际的巴比伦平原，连个小山丘都找不到，我多么渴望能再见到家乡的山岭和盘山小道啊！"

原来公主得了思乡病。于是，尼布甲尼撒二世令工匠按照米底山区的景色，在他的宫殿里，建造了层层叠叠的阶梯形花园，上面栽满了奇花异草，并在园中开辟了幽静的山间小道，小道旁是潺潺流水。工匠们还在花园中央修建了一座城楼，矗立在空中，巧夺天工的园林景色终于博得公主的欢心。

有关新巴比伦王国通天塔的传说

　　据说，人类一开始生活在底格里斯河和幼发拉底河之间，说的是同一种语言。后来人们开始修建一座可以通到天上去的高塔。直到有一天，高高的塔已冲入云霄，马上就要大功告成了。上帝知道此事后，大吃一惊。于是，上帝让人类的语言发生混乱，使人们无法相互沟通，结果工程不得不中止，人们从此分散到世界各地。

　　传说中的通天塔是真实存在还是子虚乌有？如果确有其塔，那么它是何人何时在何地建造的呢？这是一个无人能够解答的千古之谜。

吴哥城居民为何神秘地消失了

1861 年，法国博物学家亨利在热带原始森林考察时，发现了柬埔寨古代文明的辉煌瑰宝——吴哥城。但让他觉得百思不得其解的是，偌大的吴哥城竟然连一个人影都没有，他们为什么会消失呢，而且还消失得如此神秘，不留一丝痕迹？

194

佛教有这样一个传说，吉蔑国王被祭司之子触怒，便将其淹死在洞里萨湖中。天神愤怒而替祭司之子报仇，令湖水泛滥，因此摧毁了吴哥。虽然这仅仅是神话传说，但吴哥城被洪水淹没的可能性极大，不过吴哥居民是怎样在洪水到来前集体撤出的呢？难道他们有先知先觉？这也成了世人难解的谜。

你肯定感兴趣

神秘的古楼兰国是怎样消失的

楼兰古城遗址是 1900 年瑞典探险家斯文发现的，楼兰在古代唐朝属于边陲重镇。那么，楼兰城为什么会在历史上销声匿迹呢？专家们有以下几种观点。

（1）与频繁的战争有关，楼兰城地处交通要冲，战争频繁；

（2）与罗布泊的南北游移有关，楼兰城内水源枯竭，居民弃城而走；

（3）与丝绸之路北道的开辟有关；

（4）与瘟疫疾病有关，一场瘟疫夺取了城内大多数居民的生命；

（5）与生物入侵有关，一种从外地传入的蝼蛄昆虫给楼兰城造成了极大的破坏。

神秘楼兰的干尸美女

1980 年春天，考古学家在挖掘一座古代楼兰人的墓葬时，发现了一具完整的古代楼兰女性的干尸。这位楼兰女性脸面清秀，高鼻梁，双眸深邃，甚至连长长的睫毛都清晰可见，下巴尖翘，具有鲜明的白种人特征。

据考证，这具女尸已经有 3380 多年的历史，是迄今为止新疆出土古尸中最早的一具。后来，一些艺术家相继为这具女尸制作还原头像，其姣好的面容令世人惊叹。一时间，"楼兰美女"之名响遍世界。

参考文献

[1] 菲莉希蒂·布鲁克斯，本丹尼，道斯威尔等．孩子的第一本百科全书［M］．王玉敏，顾康毅，朱丽君，译．武汉：湖北少年儿童出版社，2012.

[2] 任中原．科学探秘大全集［M］．北京：中国华侨出版社，2012.

[3] 朱立春．冷门知识大全集［M］．北京：中国华侨出版社，2011.

[4] 徐胜华．简明中国少年儿童大百科［M］．北京：华文出版社，2010.

[5] 李津．生活知识百科［M］．北京：京华出版社，2010.

[6] 刘顺清．我的第一本百科知识大全［M］．沈阳：辽宁少年儿童出版社，2012.

[7] 阿妮塔·加纳利，迈克·菲利普斯，危险地球［M］．孙正凡，译．南宁：接力出版社，2011.

[8] 英国 DK 公司．DK 儿童百科全书［M］．杨寅辉，等译．北京：中国大百科全书出版社，2010.